JN210085

Python
で学ぶ
ネットワーク分析
ColaboratoryとNetworkXを使った実践入門

村田　剛志［著］

OHM
Ohmsha

はじめに

ソーシャルメディアにおけるユーザの友人関係やWikipediaにおける単語間の関係、論文の引用関係など、現実世界の多くのデータは、頂点が辺で結ばれたネットワーク（グラフ）として表現できます。

ネットワーク構造の分析は、中心的な存在を見出したり、ネットワーク上の情報伝搬を理解したり、コントロールしたりするうえで、きわめて重要です。ネットワーク構造を分析するための研究は、幅広い分野において有用であり、社会学・情報学・物理学などの多くの学問分野において昔から行われてきました。

その一方で、ネットワークを分析するための新たな道具が、近年急速に整備されつつあります。機械学習やデータサイエンスの環境として注目されるJupyter Notebook――Pythonなどのプログラムの実行結果を記録しながら、データ分析を行える対話型の実行環境――は、その最たるものでしょう。プログラムの記述や実行、結果の保存や共有をWebブラウザ上で行うことができ、インタラクティブな分析が可能です。さらに、最近になってColaboratoryやAzure Notebooksなどのクラウドサービスが提供されたことにより、Jupyter Notebook環境を構築するハードルがなくなりつつあります。

本書では、Colaboratory上でPythonベースのネットワーク分析ツールNetworkXを用いて、ネットワーク分析の基礎知識を習得します。Colaboratoryで実行できるプログラムの実例を示し、手を動かしながら理解を深められる内容にしました。最終的には自力で小規模のネットワークの分析ができるようになることを目標とします。

掲載しているプログラムは以下URLからすべてダウンロードできます。

https://atarum.github.io/

本書は大学生や大学院生、および業務などでデータサイエンスに興味があり、とくにネットワークの分析を必要とする方を対象としています。Python自体の詳しい説明はしていませんが、なんらかのプログラミング言語を習得したことがある方であれば理解できると思います。また、線形代数に関する知識があるとなおよいですが、なくても理解できる内容にしました。

ネットワーク分析に興味を持つさまざまな分野の読者の皆さまに、本書がお役に立つことを願っております。

2019年8月

村田　剛志

目次

第３章

必要な用語を学ぶ —— ネットワークの基礎知識 035

第4章 中心をみつける —— さまざまな中心性 083

第5章 経路を見つける —— ネットワークの探索 097

第6章 グループを見つける —— 分割と抽出 113

第7章 似たネットワークを作る —— モデル化 129

第8章 似た頂点を見つける —— 将来の構造予測 145

第9章 病気や口コミの広がりをモデル化する —— 感染、情報伝搬 161

第10章 ネットワークを俯瞰する —— 可視化による分析 173

第11章 リファレンス 183

練習問題解答 187

分析できる環境を用意する
ツールや言語の把握

ネットワーク分析は古くからさまざまなツールで行われてきましたが、近年、Google の Colaboratory や Microsoft の Azure Notebooks など、Python で手軽に動かすためのクラウドサービスが提供され始めています。

本章では、Python ベースのネットワーク分析ツールを中心に紹介するとともに、本書でおもに扱う環境である Colaboratory について紹介します。

1-1 ネットワークとは

ネットワーク（グラフ）とは、対象における構造を抽象化したものです。

世の中のデータの多くは、**頂点**が**辺**で結ばれたネットワークとして表現することができます。なにを頂点や辺とみなすかによって、さまざまな対象をネットワークとして表現可能です。

具体的には、以下のようなものが身近なネットワークの例として挙げられます。

- Facebook や Twitter などのソーシャルネットワーキングサービスにおける、ユーザー間やツイート間の関係
- Wikipedia などの辞書における単語間の関係
- Web ページ間のハイパーリンクによるつながり
- 論文の引用による関係
- 有機体の代謝によるつながり
- 学校や会社などの組織における人間関係

これらのネットワークにおいて、個々の頂点にあたるもの（たとえば、特定のユーザーや語句など）を詳細に分析することは確かに重要です。しかし個々の頂点ではなく、つながりの構造に注目することで、より多くの情報を得られることがしばしばあります。

一例として、Yahoo! などと比べて後発の検索エンジンであった Google が成功した理由は、そうしたネットワークの構造に着目したためであると考えられます。Google の創業者らは、検索結果のなかから重要なものを選ぶランキングアルゴリズムとして、ページ間のハイパーリンクの構造に基づいた **PageRank** を導入しました。それが他の検索エンジンのランキング結果よりも優れていたことが、後発でありながら広く使われるようになった一因とされています。

ネットワーク構造の分析手法は幅広い分野に対して適用可能であり、ネットワーク上での現象や振る舞いを理解したり、コントロールしたりするうえで、きわめて重要です。たとえば友人関係のネットワークを分析することによって、以下のような問いに対する答えを見つけることができます。

- ネットワークの中心人物は誰か？
- ネットワーク内にはどのようなグループがあるか？
- ネットワークの経路上でボトルネックとなっている部分はどこか？

上記の答えを見つけると、以下のような、さまざまな活用方法が考えられます。

- 将来の友人関係を予測したり、推薦したりする
- 口コミ情報の伝搬を促進したり、逆に抑制したりするための方針を得る
- ネットワークの生成過程をモデル化して、似た構造のネットワークを作る

近年では、ネットワーク構造を分析するための環境が整いつつあります。Colaboratory や Azure Notebooks（2 つともブラウザ上にて無料で使用できるツール。後述します）などを使うことで、パソコン 1 台とインターネット環境さえあれば、小規模なネットワークの分析が可能になってきています。

本書では、そのような環境と Python ベースのネットワーク分析ツールである NetworkX を用いて、ネットワーク構造を持つデータを分析するための基礎知識を習得することを目標とします。

ネットワーク構造を理解して分析する知識を身に付けるために、本書では、次ページの 4 つの項目を中心に述べます。

- **特徴量**：個々の辺や頂点の特徴、およびネットワーク全体の特徴を表す
- **アルゴリズム**：特徴量や経路探索、およびネットワーク分割などを計算する
- **モデル**：ネットワークの生成過程のメカニズムを明らかにする
- **プロセス**：情報伝搬などネットワーク上における振る舞いを理解する

これらの４つの項目は、独立なものではありません。たとえば、特徴量を高速かつ高精度に計算するためのアルゴリズムや、与えられた特徴量を持つようなネットワーク生成モデル、ある特徴量がネットワーク上の伝搬プロセスに与える影響など、これらは相互に関連するものです。

本書では、これらをふまえてネットワーク構造を理解するために、基本的な概念や、解析手法などを解説します。まずは、次節以降で使用するツールや言語（Python）を解説します。

1 2 ネットワーク分析ツール

本書ではNetworkXを用いてネットワーク分析を行います。ここでは、NetworkXとGephi、およびその他のネットワーク分析ツールについて簡単に紹介します。

なお、本書で使用するツールは、ネットワークの分析に適していることはもちろん、基本的に無料で使用できることを基準として選定しています。

1.2.1 NetworkX

NetworkX（https://networkx.github.io/）は、Pythonベースのネットワーク分析ツールです。複雑ネットワークの生成・操作・分析などに用いられます。PandasなどのPandasなどのデータ操作のライブラリや、NumPyやSciPyなどの数値計算のライブラリとの連携が容易である点が特徴です。

NetworkX はインストールが容易であり、有向グラフやマルチグラフなど、多様なネットワークを表現できるデータ構造を有しています。また、頂点として「テキスト列」「画像」「XML オブジェクト」「他のグラフ」など、ハッシュ可能な任意のオブジェクトを頂点とすることができて、さらに、辺にも任意のデータを持つことができます。そのうえ、ネットワーク分析のための、数多くの関数やアルゴリズムを実装しています。

欠点としては、大規模なネットワークを高速に処理することが困難であることと、可視化については他のツールを用いた方が望ましいことが挙げられます。

1.2.2　Gephi

Gephi（https://gephi.org/）は、ネットワークのインタラクティブな可視化および分析を行うためのツールです。ユーザインタフェース（UI）が非常に充実しており、ホイールマウスを用いて可視化結果を拡大・移動するなどの操作ができます。また、GDF・GEXF・GraphML・GML など、数多くのデータフォーマットでの入出力が可能です。本書では、10 章のプログラムにおいて使用しています。

1.2.3　graph-tool

graph-tool（https://graph-tool.skewed.de/）は、Tiago P. Peixoto 氏によって開発された、Python をベースにしたネットワーク分析ツールです。他の類似のツールと違って、中心となるデータ構造やアルゴリズムは C++ で実装されており、高速に実行することができます。また、Open MP をサポートするなど、並列化を行う環境も整っています。

1.2.4　igraph

igraph（http://igraph.org/）は、2006 年ごろに開発が始まったネットワーク分析ツールです。可視化や中心性解析、コミュニティ抽出など、ネットワーク分析のための関数およびアルゴリズムが充実していて、R・Python・C・C++ などと組み合わせて用いることができます。

1 3 ネットワーク可視化ツール

本書では、おもに Matplotlib を用いてネットワーク可視化を行い、補助的に Bokeh を用います。

1.3.1 Matplotlib

Matplotlib（https://matplotlib.org/）は、棒グラフや折れ線グラフなど、さまざまなグラフ描画を行うための Python ライブラリです。2 次元関数や散布図はもちろん、磁場のような流線や 3 次元関数の可視化なども行うことができます。ネットワークの次数分布など、ネットワークの特徴量のグラフ描画をするうえで有用なライブラリです。

1.3.2 Bokeh

Bokeh（https://bokeh.pydata.org/en/latest/）は、インタラクティブな可視化を行うための Python ライブラリです。ネットワークの一部を拡大したり縮小したりすることが可能です。

1 4 プログラミング言語 Python

Python は、汎用のプログラミング言語です。単純化された文法であるため、短くて可読性の高いコードを書くことができます。また、関連する**ライブラリ**を import して、機能を強化することも容易です。

ライブラリとは、頻繁に使用される機能やしくみを、個々のユーザーがゼロからプログラミングしなくても使えるようにまとめたものです。Python では、import するだけで多様なライブラリが使用できます。具体的には、数値計算を効率的に行える **NumPy**、数学・科学・工学の数値解析ができる **SciPy**、データフレームなどデータ解析を支援する機能を提供する **Pandas**、1.3.1 項で紹介したグラフや散布図などによってデータを可視化する Matplolib などが挙げられます。

本書では、Python の初歩的な文法の解説は行いません。プログラミング経験がなく Python がまったくわからない、という方は、一度 Python の入門本を読んでから本書に挑戦してください。Python はわからないが他言語でのプログラミング経験はあるという方であれば、本書の通読は可能です。

1 5 代表的なPythonの実行環境——Jupyter Notebook

Jupyter Notebook（http://jupyter.org/）は、Python などのプログラムを Web ブラウザ上で実行し、ノートブックと呼ばれる形式で実行結果を記録しながら、データの分析作業を進める対話型の実行環境です。プログラムの記述や実行、結果の保存や共有をブラウザ上で行えるため、インタラクティブな分析に適しています。結果の出力も PDF・HTML・ipynb など、さまざまな形式を選ぶことができます。

これまでは Jupyter Notebook を使うために、Python 本体および科学技術計算やデータ分析などでよく利用されるライブラリを一括でインストールできる **Anaconda**（https://www.anaconda.com/download/）などを用いることが多く、初学者にとっては環境構築がハードルとなることが多々ありました。しかし、後述するColaboratoryでは、そのようなインストールをすることなくJupyter Notebookと同等の環境を利用することができます。

1-6 本書で使用するPythonの実行環境――Colaboratory

Colaboratory（https://colab.research.google.com/）は、多くの主要なブラウザで動作する、設定不要のJupyter Notebook環境です。機械学習の教育・研究を目的としてGoogleが提供している研究用ツールで、**Google Colab**とも呼ばれます。Google ChromeやFirefoxなどの主要なブラウザとGoogleのアカウントがあれば、Anacondaのインストールなどをすることなく、Jupyter Notebookの環境を簡単に利用できます。

Colaboratoryノートブックは、すべてJupyterノートブック形式（ipynb）で保存されます。作成されたColaboratoryノートブックはGoogleドライブに保存されて、Googleドキュメントなどと同じように共有できます。本原稿の執筆時点では、ColaboratoryはPython 2.7とPython 3.6に対応しています。

プログラムコードは、各アカウント専用の仮想マシンで実行されます。Github上のノートブックを実行することも可能です。仮想マシンにはシステムで定められた有効期限があり、一定時間以上アイドル状態であった場合には、再接続が必要になります。**TensorFlow**（Googleが提供する機械学習のためのライブラリ）のコードをブラウザ上で実行することもできるうえに、GPU（Graphics Processing Unit；画像処理などを得意とする処理装置）が無料で使えるため、機械学習などのためのプラットフォームとして期待されています。MicrosoftもAzure Notebooks（https://notebooks.azure.com/）として同様のツールを提供しています。

Colaboratoryの利用は、コードとテキストの2種類のセルを使って行います（**図1-1**）。コードセルにPythonなどのコードを書いて、左端のボタンをクリックする（あるいは Shift+Enter キーを押す）ことで実行できます。テキストセルには、コード・データ・実行結果についての説明などを記載します。外部リンクの参照や画像の挿入も可能です。

図 1.1 2 種類のセル（コードとテキスト）

分析内容にもよりますが、たとえばネットワークの可視化であれば数百～数千頂点程度、次数分布のプロットであれば数万頂点程度のネットワークを扱うことができます。Python には多くのライブラリがあり、それらを import しながらプロトタイプとなるプログラムを容易に作成できるのが利点です。

Colaboratory は、Python コードを書いて分析および可視化を行い、その結果をもとに、さらにコードを修正していくなど、インタラクティブなプログラム開発を行うのに適しています。その一方で、時間のかかる計算を連続して実行することは推奨されておらず、とくに GPU を使ったバックグラウンドでの計算を長時間行うとサービスを利用できなくなる可能性があります。使用の際に注意すべきこととして、次ページに示すようなことが挙げられます。

- クラウドで処理するため、機密性の高いデータの分析には不向きである
- ファイル入出力やライブラリのインストールなど、通常の Jupyter Notebook とは使い勝手が異なる点がある
- 使用している途中で接続が切れることがある（ただし、再接続すればよく、コードなども失われない）

使用する前に、Colaboratory サイト上の「よくある質問」を読むことを強くおすすめします。

Colaboratory における Python のバージョンと、インストールされている各ライブラリのバージョンは、本書執筆時点（2019 年 6 月）において以下のとおりです。

- Python 3.6.7
- NetworkX 2.2
- Matplotlib 3.0.3
- Bokeh 1.0.4
- NumPy 1.14.6
- SciPy 1.1.0

とくに、Python のバージョン 2 と 3、NetworkX のバージョン 1 と 2 では大きな変更がなされており、前のバージョンで動いていたプログラムが動かない場合があります。

練習問題 1

以下に示す 2 つのネットワークのうち、1 つは社会ネットワーク（人とその友人関係）、もう 1 つはインターネット（ルータとその結合関係）です（**図 1-2**)。

(a)
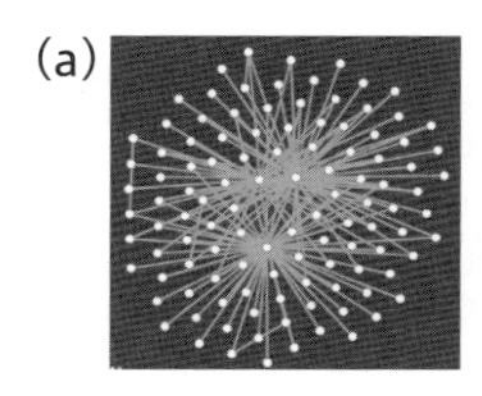

(b)
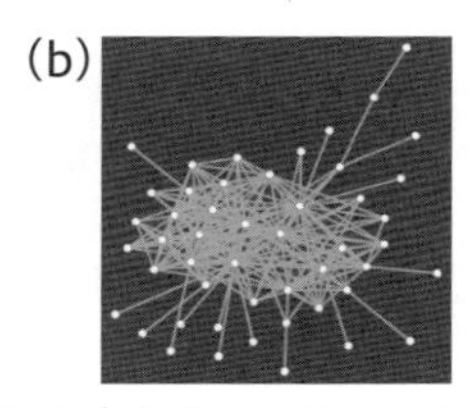

A. Lancichinetti, M. Kivelä, J. Saramäki and S. Fortunato「Characterizing the Community Structure of Complex Networks」PLOS ONE, vol.5, issue.8 (2010)

図 1.2 社会ネットワークとインターネット

(i) どちらが社会ネットワークで、どちらがインターネットか答えなさい。

(ii) その理由を答えなさい。

ネットワーク分析の流れを知る
小説の人間関係を紐解く

与えられたネットワークをどのように分析するかは、対象とするネットワークや分析目的によって大きく異なります。一般には、以下のような分析がなされています。

- ネットワークを可視化して全体を俯瞰する
- 特徴的な頂点や辺を見つける
- 個々の頂点や辺、およびネットワーク全体の特性を理解する
- ネットワーク中のグループの数や、その大きさを確認する

本章では、簡単なネットワーク分析例を、順を追って示します。ネットワーク分析の全体像を示すとともに、それぞれの段階における課題を明らかにします。

2-1 データの入力

まずは、分析したいネットワークデータの入力を行います。

ネットワークは、大きく2つの種類に分けられます。現実の対象間の関係などから得られた**実ネットワーク**と、人工的に生成された**人工ネットワーク**です。

2.1.1 実ネットワーク

実ネットワークの具体例として、友人関係のネットワークや航空網のネットワークなどが挙げられます。これらはデータがWeb上に公開されているものも多く、ネットワークアルゴリズムの性能比較などのために共通のベンチマークとして研究者が用いているものもあります。

実ネットワークの具体例は、この分野における著名な研究者であるMark Newman氏のWebサイト†1や、Stanford大学のSNAPプロジェクトのWebサイト†2などで見ることができます。

実ネットワークでは、ネットワークの頂点の数や次数分布などの特徴量があらかじめ決まっています。そのため、同じような性質を持つ実ネットワークを大量に用意することは困難です。また、各頂点のラベルなど、ネットワーク分析のアルゴリズムの性能を評価する際に必要なデータが、実ネットワークでは欠損している場合があります。

2.1.2 人工ネットワーク

人工ネットワークの多くは、ネットワークがどのようにして生成されたか、そのメカニズムを解明するための生成モデルに基づいて作られます。詳しくは第7章で述べますが、スケールフリーグラフやスモールワールドグラフなど、

---

†1　http://www-personal.umich.edu/~mejn/netdata/

†2　http://snap.stanford.edu/data/

実ネットワークに似た性質を持つ人工ネットワークを生成するためのモデルが、数多く提案されています。

人工ネットワークは、実ネットワークとは異なり、類似した性質を持つネットワークを数多く生成したり、非常に大規模なネットワークを生成したり、グループ（コミュニティ）の数や大きさを変えたネットワークを生成したりすることが容易であり、それを用いてネットワークアルゴリズムの性能評価などの実験を行うことができます。

ネットワークを対象とした研究においては、実ネットワークと人工ネットワークの両方で性能評価をしている場合も少なくありません。人工ネットワークの例として、実ネットワークに似た人工ネットワークを作るアルゴリズムとしてよく用いられる LFR benchmark †3 や、スーパーコンピュータの計算速度を競うベンチマークの 1 つである Graph 500 †4 の Kronecker graph などが挙げられます。

2.1.3 データ構造

コンピュータのなかにおけるネットワークのデータ構造として、以下のものがあります。詳しくは 3.1 節で述べます。

- edge list（辺リスト）
- adjacency matrix（隣接行列）

これらのデータ構造は、頂点と辺からなる構造だけを表すものです。しかし、たとえば各頂点が人に対応している社会ネットワークにおいては、多く場合、頂点に「名前」「年齢」「性別」などの属性が付いています。そのような属性も含めて、ネットワークを表すための枠組みとして、次ページに示すような XML ベースのネットワークデータのフォーマットがあります。これらのフォーマッ

---

†3 https://sites.google.com/site/santofortunato/inthepress2

†4 https://graph500.org/

トは、多くのネットワーク分析ツールにおいてサポートされています。

- GML
- GraphML
- XGMML

この他に、ネットワーク分析ツールごとの独自のネットワークデータのフォーマットとして、以下のようなものが挙げられます。(　) 内は分析ツールの名称です。

- DOT (Graphviz)
- NET (Pajek)
- GEXF (Gephi)
- DL (UCInet)
- TLP (Tulip)
- GDF (Guess)
- VNA (Netdraw)

本章ではネットワークの具体例として、小説「レ・ミゼラブル」(ヴィクトル・ユーゴー著、1862年) において同時に出現する人物のネットワークを考えます。これは先に述べたMark Newman氏のWebサイトにおいてGMLフォーマットによるネットワークデータが公開されており、それをダウンロードして使用することができます。

2.2 ネットワークの可視化

データを入力したら、人間が理解しやすい形にするため、ネットワークの**可視化**を行います。

大規模でないネットワーク、つまり頂点の数が数千から数万程度であり、辺の密度が高くないネットワークにおいては、可視化によってその構造が明らかになることがしばしばあります。ネットワークの可視化方法はさまざまなものがありますが、ここでは頂点間を辺で結んだ、いわゆる**グラフ構造**を2次元平面上に描画する可視化を考えます。

ネットワーク可視化において望ましい性質としては、さまざまなものが考えられます。わかりやすい可視化のためには、たとえば以下のような要求が考えられます。

- 辺の交差や頂点の重なりを少なくしたい
- 頂点が一部に集中せずに、平面上で散らばってほしい
- 関連性のある頂点や辺は近くに配置したい
- 対称性や階層性などを反映して可視化したい

これらは時として互いに背反するものであり、一般に可視化の質を評価することは必ずしも容易ではありません。

よく用いられる可視化手法として、頂点間を結ぶ辺をバネに見立てて、引力と斥力によって各辺をバネの自然長に近づけることで安定状態を求める**バネ配置**による手法があります。具体的な可視化手法については第10章で詳述します。

本節では、レ・ミゼラブルにおいて、そのようなネットワーク可視化を行った例を**リスト2.1**で示します。このような可視化は、密に結びついたグループや、グループ間をつなぐ頂点や辺などを見出すうえで有効です。その一方で、

各頂点の次数を調べたり、限られたスペース内で可視化を行うためには、別の可視化手法が望ましい場合もあります。

リスト 2.1 を使用するには、対象とするネットワークを入力として与える必要があります。Mark Newman 氏の Web サイトからレ・ミゼラブルのファイル（lesmis.zip）をダウンロードして解凍すると、GML フォーマットのファイル lesmis.gml が得られます。以下のプログラムを実行すると入力ファイルの選択を求められるので、その lesmis.gml ファイルを選択すると、可視化が行われます。**図 2.1** は、Colaboratory でリスト 2.1 を実行した結果です。以降、本書ではプログラムと併せて Colaboratory での実行結果を掲載するので、ご自分でも実行して見比べながら読み進めることをおすすめします。

リスト 2.1　ネットワークの読み込みと可視化

```
1  import networkx as nx
2  from google.colab import files
3  uploaded = files.upload()
4  for fn in uploaded.keys():
5    print('User uploaded file "{name}" with length {length} bytes'.format(
6        name=fn, length=len(uploaded[fn])))
7    G = nx.readwrite.gml.read_gml(fn)
8    nx.draw_spring(G, node_size=200, node_color='red', with_labels=True)
```

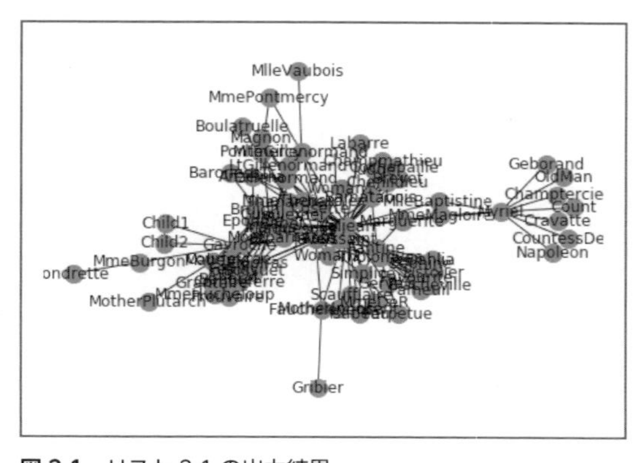

図 2.1　リスト 2.1 の出力結果

リスト 2.2 のプログラムでは、NetworkX に実装された以下 6 つの可視化手法の例を示しています。

- draw_circular（11 行目：頂点を円周上に配置する）
- draw_kamada_kawai（13 行目：頂点を力学モデルにより配置する）
- draw_random（15 行目：頂点をランダムに配置する）
- draw_spectral（17 行目：ネットワークを表す行列の固有ベクトルにより、頂点を配置する）
- draw_spring（19 行目：頂点を力学モデルにより配置する）
- draw_shell（21 行目：頂点を同心円上に配置する）

先のプログラムと同じように、実行すると入力ファイルの選択を求められるので、lesmis.gml ファイルを選択すると可視化が行われます（**図 2.2**）。

リスト 2.2 ネットワークのさまざまな可視化

```
1  import networkx as nx
2  import matplotlib.pyplot as plt
3  from google.colab import files
4  uploaded = files.upload()
5  for fn in uploaded.keys():
6    print('User uploaded file "{name}" with length {length} bytes'.format(
7        name=fn, length=len(uploaded[fn])))
8    G = nx.readwrite.gml.read_gml(fn)
9
10 plt.subplot(231)
11 nx.draw_circular(G, node_size=40, node_color='red', with_labels=False)
12 plt.subplot(232)
13 nx.draw_kamada_kawai(G, node_size=40, node_color='red', with_labels=False)
14 plt.subplot(233)
15 nx.draw_random(G, node_size=40, node_color='red', with_labels=False)
16 plt.subplot(234)
17 nx.draw_spectral(G, node_size=40, node_color='red', with_labels=False)
```

```
18  plt.subplot(235)
19  nx.draw_spring(G, node_size=40, node_color='red', with_labels=False)
20  plt.subplot(236)
21  nx.draw_shell(G, node_size=40, node_color='red', with_labels=False)
```

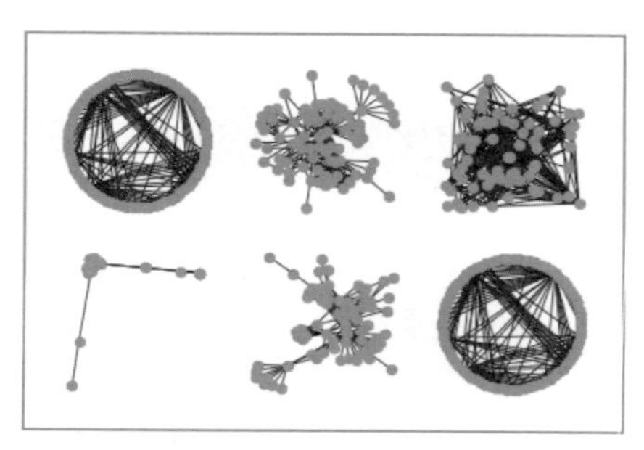

図 2.2　リスト 2.2 の出力結果

2-3 中心性の計算

ネットワーク分析において、どの頂点が中心的であるかを知りたいことは多々あります。たとえば、SNS であれば口コミ情報を広めるためのキーパーソンが、防災においては街のどこへでも短時間で駆けつけられるような場所が、組織においてはその人が欠けるとネットワークがバラバラになってしまうような人が、そのネットワークにおける中心だといえます。このように、対象とするネットワークによって、さまざまな**中心性**が考えられます。

詳しくは第 4 章で説明しますが、代表的な中心性として以下のようなものが挙げられます。

（1）次数中心性（Degree Centrality）
（2）固有ベクトル中心性（Eigenvector Centrality）

(3) 近接中心性 (Closeness Centrality)
(4) 媒介中心性 (Betweenness Centrality)

(1) **次数中心性**は、多くの頂点とつながっている頂点を中心的とみなすものです。(2) **固有ベクトル中心性**は、周囲の頂点の中心性も加味し、多くの中心的な頂点とつながっている頂点を中心的とみなすものです。(3) **近接中心性**は、ネットワーク中の他の頂点へ短い距離で到達できる頂点を中心的とみなすものです。(4) **媒介中心性**は、その頂点がなくなると多くの経路が分断されてしまうような頂点を中心的とみなすものです。

リスト 2.3 のプログラムでは、レ・ミゼラブルにおけるネットワークの頂点の、4 種類の中心性をヒートマップで示しています。中心性が高い頂点ほど明るい色で表示されています[†5]。

リスト 2.3 4 種類のネットワーク中心性

```
 1  import networkx as nx
 2  import matplotlib.pyplot as plt
 3  import matplotlib.colors as mcolors
 4
 5  def draw_h(G, pos, measures, measure_name):
 6      nodes = nx.draw_networkx_nodes(G, pos, node_size=250,
                                       cmap=plt.cm.plasma,
 7                                     node_color=list(measures.values()),
 8                                     nodelist=list(measures.keys()))
 9      nodes.set_norm(mcolors.SymLogNorm(linthresh=0.01, linscale=1))
10      # labels = nx.draw_networkx_labels(G, pos)
11      edges = nx.draw_networkx_edges(G, pos)
12      plt.title(measure_name)
13      plt.colorbar(nodes)
14      plt.axis('off')
15      plt.show()
```

† 5 https://aksakalli.github.io/2017/07/17/network-centrality-measures-and-their-visualization.html を参考に可視化しています。

```
16
17 import numpy as np
18 import numpy.linalg as LA
19 from pprint import pprint
20 from google.colab import files
21 uploaded = files.upload()
22 for fn in uploaded.keys():
23   print('User uploaded file "{name}" with length {length} bytes'.format(
24       name=fn, length=len(uploaded[fn])))
25   G = nx.readwrite.gml.read_gml(fn)
26 pos = nx.spring_layout(G)
27 draw_h(G, pos, nx.degree_centrality(G), 'Degree Centrality')
28 draw_h(G, pos, nx.eigenvector_centrality(G), 'Eigenvector Centrality')
29 draw_h(G, pos, nx.closeness_centrality(G), 'Closeness Centrality')
30 draw_h(G, pos, nx.betweenness_centrality(G), 'Betweenness Centrality')
```

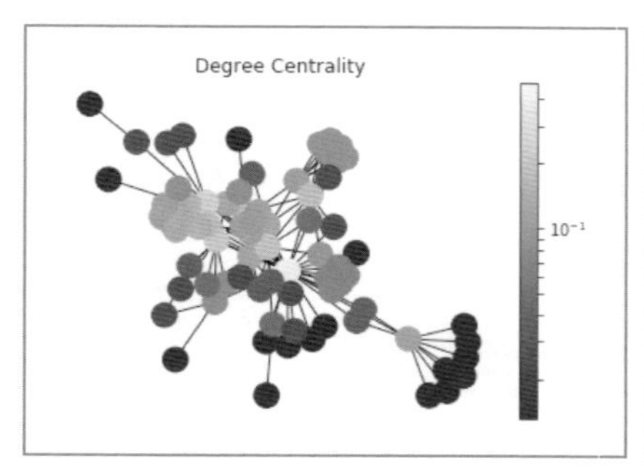

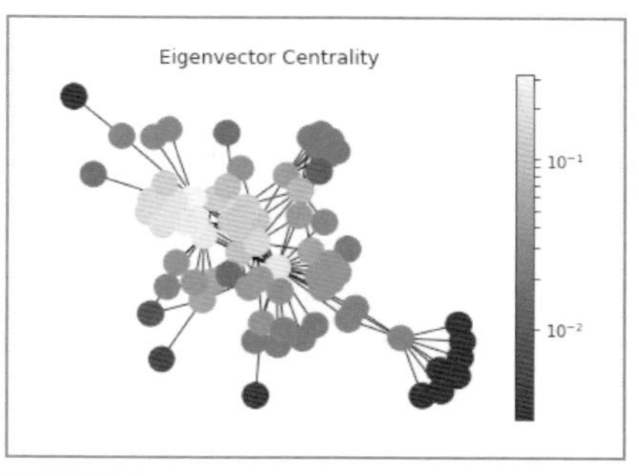

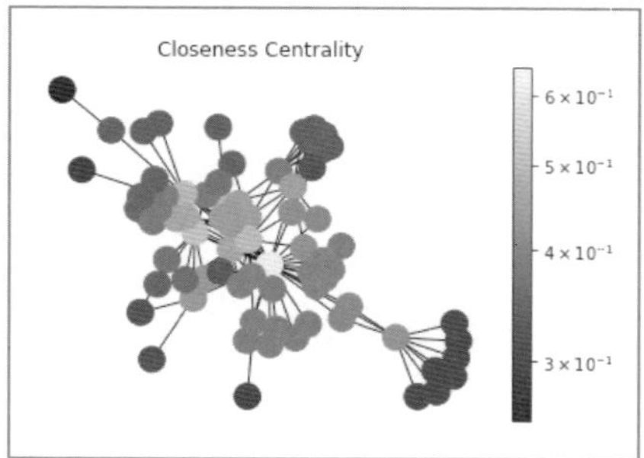

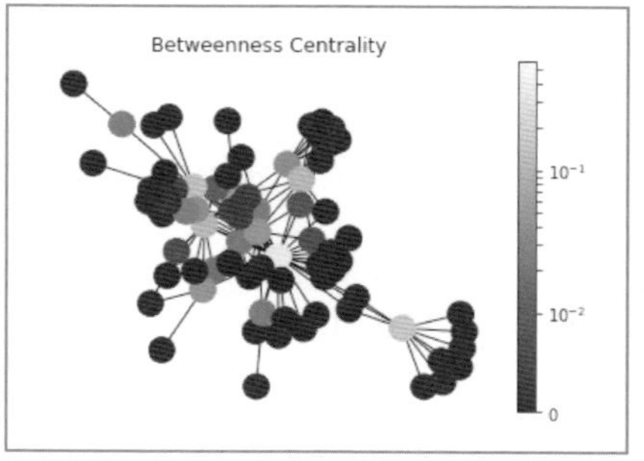

図 2.3　リスト 2.3 の出力結果（色が薄い頂点ほど中心性が高い）

2.4 特徴量の計算

頂点や辺の数など、ネットワークの構造的特徴を表す量を**特徴量**と呼びます。

頂点の数や辺の数が同じであったとしても、さまざまな構造のネットワークが考えられます。**リスト 2.4** は頂点が 10 であるさまざまなネットワークを生成するプログラムで、**図 2.4** はいずれも頂点の数が 10 のネットワークです。

左上から順に、(1) ランダムグラフ、(2) Petersen グラフ、(3) サイクルグラフ、(4) 完全グラフ、(5) 完全 2 部グラフ、(6) barbell グラフ、(7) star グラフ、(8) wheel グラフ、(9) Barabasi-Albert モデルによるグラフを示しています。

リスト 2.4 さまざまな構造のネットワーク

```
1  import networkx as nx
2  import matplotlib.pyplot as plt
3  rnd = nx.gnp_random_graph(10,0.3)
4  plt.subplot(331)
5  nx.draw_circular(rnd, node_size=200, node_color='red', with_labels=True,
   font_weight='bold')
6
7  petersen = nx.petersen_graph()
8  plt.subplot(332)
9  nx.draw_shell(petersen, nlist=[range(5, 10), range(5)], node_size=200,
   node_color='red', with_labels=True, font_weight='bold')
10
11 cycle = nx.cycle_graph(10)
12 plt.subplot(333)
13 nx.draw_circular(cycle, node_size=200, node_color='red', with_labels=True,
   font_weight='bold')
14
15 K_10 = nx.complete_graph(10)
16 plt.subplot(334)
```

```
17 nx.draw_circular(K_10, node_size=200, node_color='red', with_labels=True,
   font_weight='bold')
18
19 K_5_5 = nx.complete_bipartite_graph(5, 5)
20 plt.subplot(335)
21 nx.draw_circular(K_5_5, nlist=[range(5, 10), range(5)], node_size=200,
   node_color='red', with_labels=True, font_weight='bold')
22
23 barbell = nx.barbell_graph(4, 2)
24 plt.subplot(336)
25 nx.draw_spring(barbell, node_size=200, node_color='red', with_labels=True,
   font_weight='bold')
26
27 star = nx.star_graph(9)
28 plt.subplot(337)
29 nx.draw(star, node_size=200, node_color='red', with_labels=True, font_
   weight='bold')
30
31 wheel = nx.wheel_graph(10)
32 plt.subplot(338)
33 nx.draw(wheel, node_size=200, node_color='red', with_labels=True, font_
   weight='bold')
34
35 ba = nx.barabasi_albert_graph(10, 2)
36 plt.subplot(339)
37 nx.draw_spring(ba, node_size=200, node_color='red', with_labels=True,
   font_weight='bold')
```

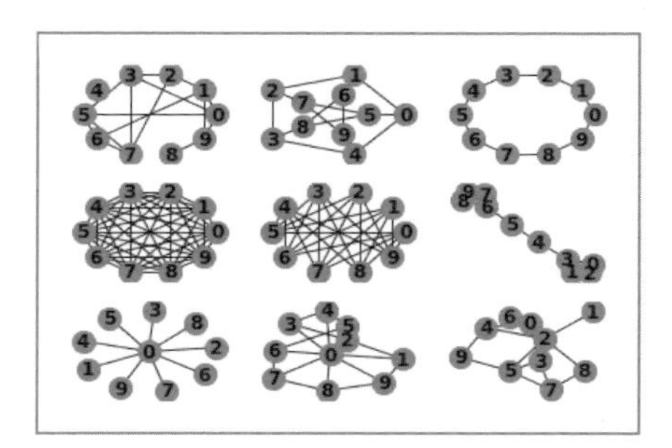

図 2.4 リスト 2.4 の出力結果

頂点や辺の数以外にも、ネットワークの構造を表す特徴量は数多く提案されています。ネットワークを比較・分類したり、ネットワーク上の情報伝搬などの振る舞いを理解したりするうえで、そのような特徴量は重要です。たとえば、**クラスタ係数**は「ある人の友人 2 人が友人同士である割合」を表す特徴量ですが、社会ネットワークではその値が大きく、逆に電力網ネットワークなどでは小さいという性質があります。

リスト 2.5 のプログラムでは、各ネットワークの密度とクラスタ係数を示しています。

リスト 2.5 ネットワークの密度とクラスタ係数

```
 1  import networkx as nx
 2  import matplotlib.pyplot as plt
 3
 4  def draw_m(G, pos):
 5      nodes = nx.draw_networkx_nodes(G, pos, node_size=200)
 6      labels = nx.draw_networkx_labels(G, pos)
 7      edges = nx.draw_networkx_edges(G, pos)
 8      plt.title(['density: {:.5}'.format(nx.density(G)), 'clustering
    coefficient: {:.5}'.format(nx.average_clustering(G))])
 9      plt.axis('off')
10      plt.show()
11
12  rnd = nx.gnp_random_graph(10,0.1)
```

```
13  pos = nx.circular_layout(rnd)
14  draw_m(rnd, pos)
15
16  petersen = nx.petersen_graph()
17  pos = nx.shell_layout(petersen, nlist=[range(5, 10), range(5)])
18  draw_m(petersen, pos)
19
20  cycle = nx.cycle_graph(10)
21  pos = nx.spring_layout(cycle)
22  draw_m(cycle, pos)
23
24  K_10 = nx.complete_graph(10)
25  pos = nx.circular_layout(K_10)
26  draw_m(K_10, pos)
27
28  K_5_5 = nx.complete_bipartite_graph(5, 5)
29  pos = nx.shell_layout(K_5_5, nlist=[range(5, 10), range(5)])
30  draw_m(K_5_5, pos)
31
32  barbell = nx.barbell_graph(4, 2)
33  pos = nx.spring_layout(barbell)
34  draw_m(barbell, pos)
35
36  star = nx.star_graph(9)
37  pos = nx.spring_layout(star)
38  draw_m(star, pos)
39
40  wheel = nx.wheel_graph(10)
41  pos = nx.spring_layout(wheel)
42  draw_m(wheel, pos)
43
44  ba = nx.barabasi_albert_graph(10, 2)
45  pos = nx.spring_layout(ba)
46  draw_m(ba, pos)
```

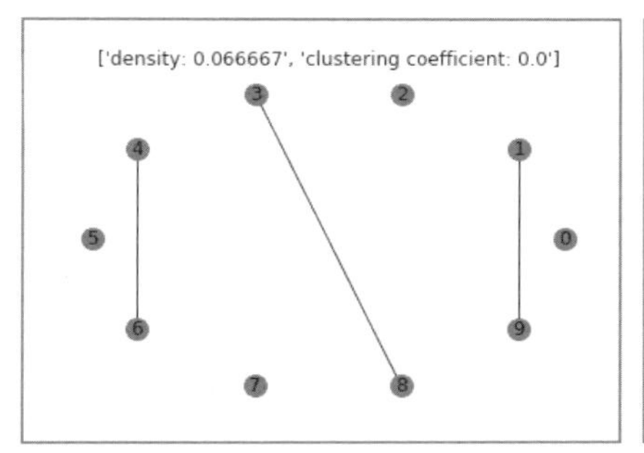

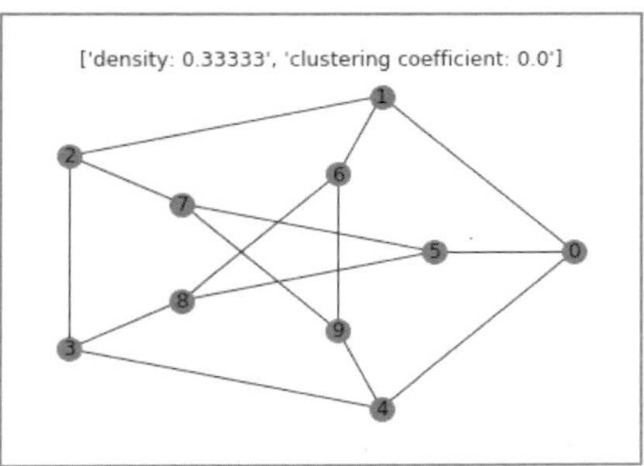

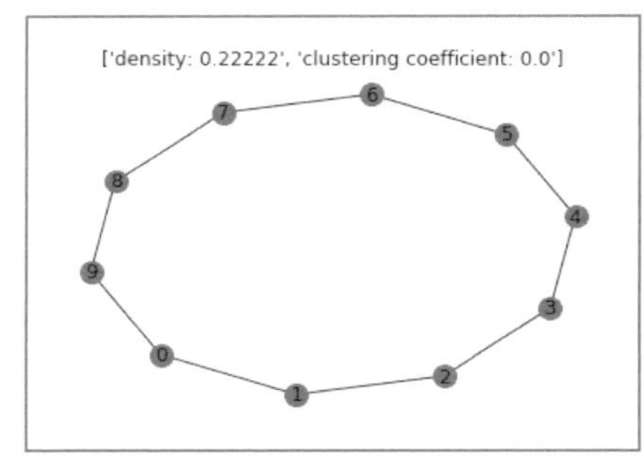

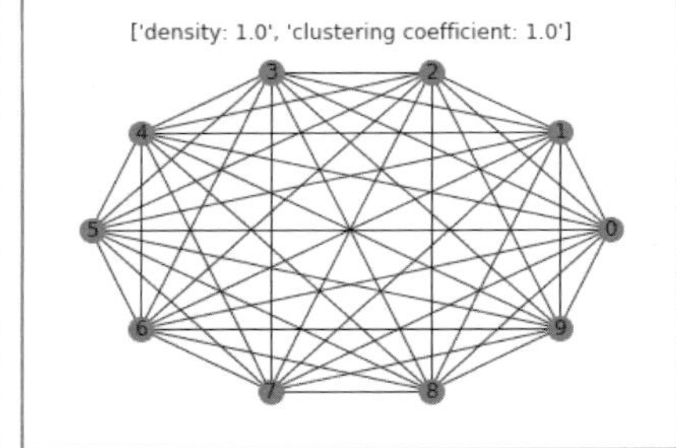

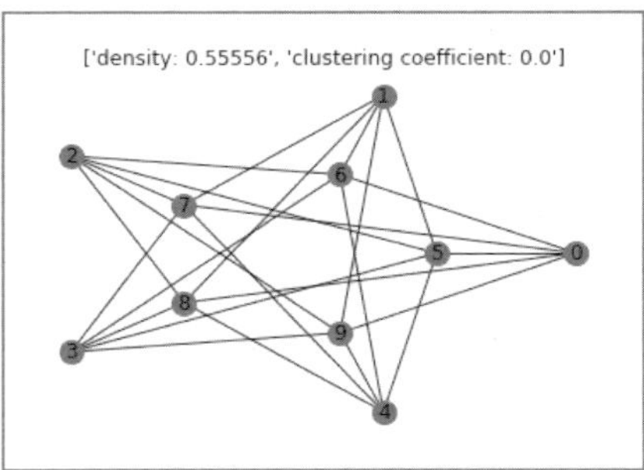

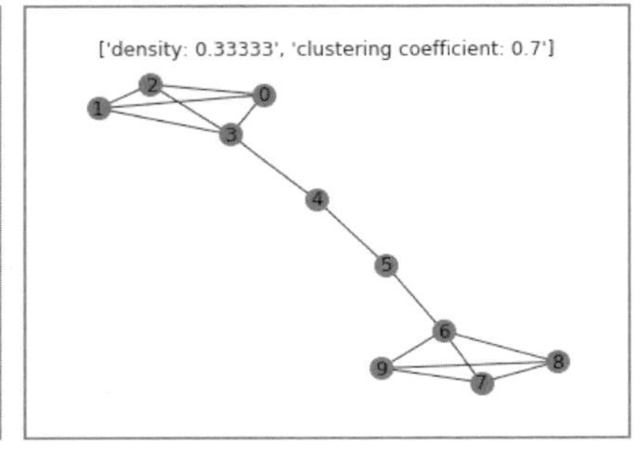

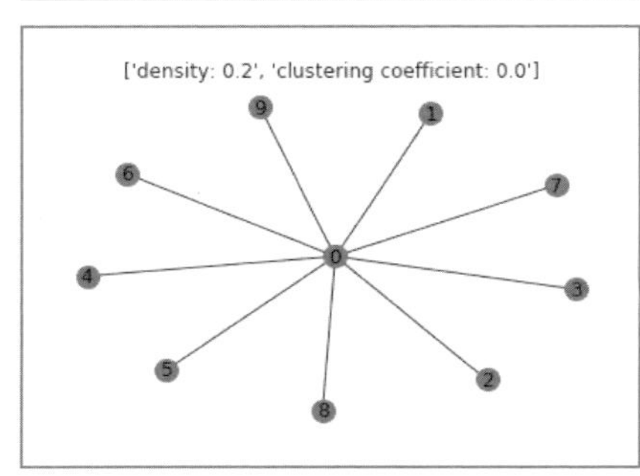

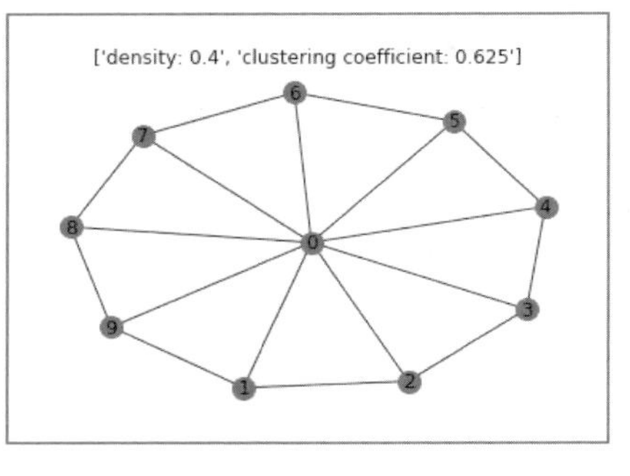

図 2.5 リスト 2.5 の出力結果 (1)

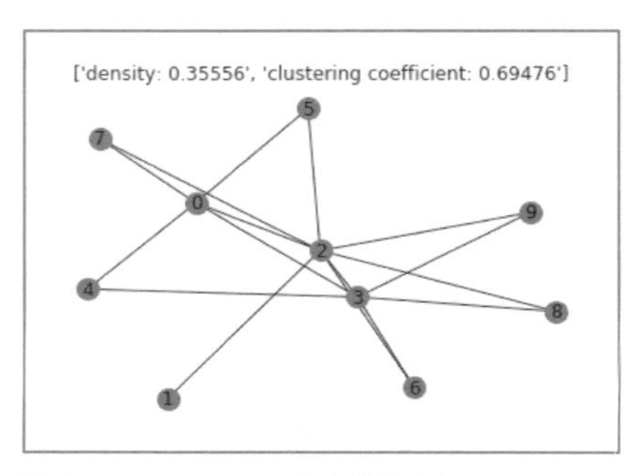

図 2.5　リスト 2.5 の出力結果 (2)

クラスタ係数以外の特徴量としては、平均次数・平均パス長・assortativity（次数相関）などが挙げられます。特徴量については、第 3 章で詳しく説明します。

2 5　コミュニティの抽出

多くのネットワークでは、たとえば社会ネットワークにおける友人グループのように、密に結びついた頂点集合を含むことが多くあります。このように密な部分ネットワークのことを、**コミュニティ**と呼びます。社会ネットワークにおけるコミュニティは、友人グループや派閥などに対応すると考えられます。また、代謝ネットワークにおけるコミュニティは、合成や化学反応などによる類似した機能モジュールに対応すると考えられます。与えられたネットワークからコミュニティを抽出（検出）するための研究は、多くの研究者によって盛んに行われています。

類似した頂点がコミュニティを構成することが多いことから、たとえば嗜好の似ている人々に商品やサービスを推薦する場合、**コミュニティ抽出**は有用です。また、グループでどの頂点が中心的で、どの頂点が他グループとの境界に存在するかを知ることは、情報伝搬における影響力や伝搬の範囲を推測するうえで重要です。

コミュニティ抽出では、抽出するコミュニティの大きさや個数があらかじめ与えられていません。また、コミュニティの定義にはさまざまなものがあります。それだけでなく、頂点が複数のコミュニティに属することを許容するか、コミュニティが階層的な構造を有するか、辺に向きや重みがあるか、ネットワークが動的に変化するかなどの、さまざまなバリエーションがあります。さらに、その抽出手法も非常に数多く提案されています。

本節では、レ・ミゼラブルのネットワークを対象としたコミュニティ抽出の一例を**リスト 2.6** に示します。この抽出方法はネットワークの分割の良さを表す**モジュラリティ**と呼ばれる指標に基づくものであり、その値を最大にするようなネットワーク分割を求めるものです。モジュラリティについては第 6 章で説明します。

リスト 2.6 のプログラムでは、GML フォーマットのネットワークを入力して、得られたコミュニティ構造を色分けして表示しています。プログラムを実行すると、入力ファイルの選択を求められるので、lesmis.gml ファイルを選択してください。すると、同じコミュニティに属する頂点が同じ色で表示されて、密に結びついた頂点集合がコミュニティとして抽出されていることがわかります。

リスト 2.6 コミュニティの抽出

```
1  import networkx as nx
2  import matplotlib.pyplot as plt
3  from google.colab import files
4  from networkx.algorithms import community
5  import pandas as pd
6
7  uploaded = files.upload()
8  for fn in uploaded.keys():
9    print('User uploaded file "{name}" with length {length} bytes'.format(
```

```
10        name=fn, length=len(uploaded[fn])))
11    G = nx.readwrite.gml.read_gml(fn)
12
13 carac = pd.DataFrame({ 'ID':G.nodes(), 'myvalue':[0]*len(G.nodes()) })
14
15 communities_generator = community.centrality.girvan_newman(G)
16 top_level_communities = next(communities_generator)
17 next_level_communities = next(communities_generator)
18 for m in range(len(next_level_communities)):
19   for n in next_level_communities[m]:
20     carac.loc[carac.ID == n, 'myvalue'] = m
21 nx.draw_spring(G, node_color = carac['myvalue'], node_size=120, with_
   labels=True)
```

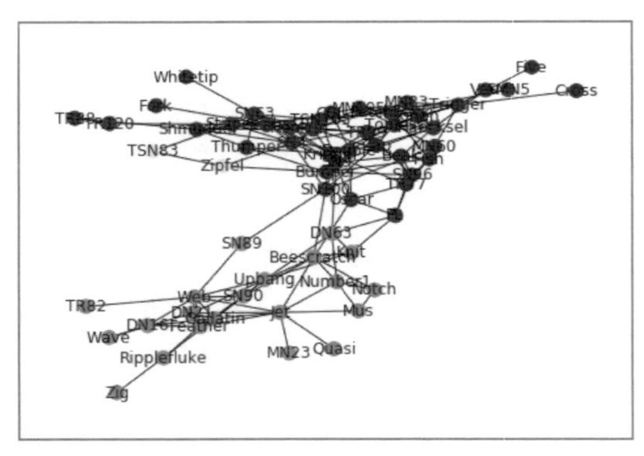

図 2.6　リスト 2.6 の出力結果

2-6 結果の出力、保存

ネットワーク分析における出力として、次のようなものが挙げられます。

(1) ネットワークのデータフォーマットの変換
(2) ネットワーク構造の可視化結果の出力
(3) ネットワークの特徴量やコミュニティ抽出などの分析結果の出力

(1) の具体例としては、「辺リストから隣接行列などの形式に変換する」などが考えられます。ネットワークのデータフォーマットには、2.1 節で述べたようなものがありますが、どのフォーマットで出力できるかは分析ツールによって異なります。NetworkX では、**リスト 2.7** で示す隣接行列や辺リストの他に、GEXF・GML・GraphML などのフォーマットでの出力が可能です。

(2) は、可視化したネットワーク構造を画像として出力するものです。Matplotlib の savefig では、png・pdf・ps・eps・svg などのフォーマットで保存できます。

(3) は、なにを分析したかによって出力のしかたが異なります。ネットワークの特徴量、頂点の中心性、コミュニティ抽出の結果など、分析の内容によって形式はさまざまです。Colaboratory では、画面上に結果を表示する他に、使用しているパソコン上でローカルにファイルを保存したり、Google ドライブ上に保存したりすることができます。

リスト 2.7 のプログラムを実行すると、入力ファイルの選択を求められるので、lesmis.gml ファイルを選択してください。すると、入力したネットワークが可視化され、その可視化された画像を png ファイルとして、使用しているパソコン上に、ローカルに保存します。

リスト 2.7　ネットワーク可視化の画像の出力

```
1  import networkx as nx
2  import matplotlib.pyplot as plt
3  from google.colab import files
4  from networkx.algorithms import community
5  import pandas as pd
6
7  uploaded = files.upload()
```

```
 8  for fn in uploaded.keys():
 9    print('User uploaded file "{name}" with length {length} bytes'.format(
10        name=fn, length=len(uploaded[fn])))
11    G = nx.readwrite.gml.read_gml(fn)
12
13  carac = pd.DataFrame({ 'ID':G.nodes(), 'myvalue':[0]*len(G.nodes()) })
14
15  communities_generator = community.centrality.girvan_newman(G)
16  top_level_communities = next(communities_generator)
17  next_level_communities = next(communities_generator)
18  for m in range(len(next_level_communities)):
19    for n in next_level_communities[m]:
20      carac.loc[carac.ID == n, 'myvalue'] = m
21  nx.draw_spring(G, node_color = carac['myvalue'], node_size=120, with_
    labels=True)
22
23  savefn = fn.split('.')[0]+'.png'
24  plt.savefig(savefn)
25  files.download(savefn)
```

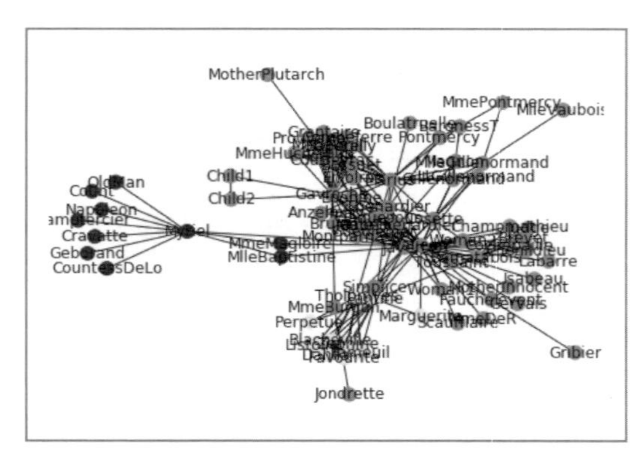

図 2.7　リスト 2.7 の出力結果

練習問題 2

(i) レ・ミゼラブル以外のネットワークで、ネットワークの可視化・中心性の計算・特徴量の計算・コミュニティの抽出を行いなさい。その際、Mark Newman の Web サイト(http://www-personal.umich.edu/~mejn/netdata/) から、GML フォーマットによるネットワークデータをダウンロードして使用しなさい。

(ii) 以下のようなネットワークを分析する際には、構造のどのような特徴に注目すればよいかを考えて答えなさい。
(a) 中学生の友人関係のネットワーク
(b) 大都市の鉄道網
(c) 動物の食物連鎖

必要な用語を学ぶ
ネットワークの基礎知識

ネットワークの用語のなかには、ネットワーク全体の特徴を表すものや、個々の頂点や辺の特徴を表すもの、さらに頂点の組や頂点集合の特徴を表すものなどがあります。

本章では、ネットワークを分析するための基本的な用語や概念を紹介します。

3 1 隣接行列、辺リスト

ネットワーク（グラフ）は、**頂点**（**ノード**）と、それをつなぐ**辺**（**エッジ**、**リンク**）によって構成されます。たとえば、A, B, C, D, E, Fの6つの頂点と、A-B, B-C, B-D, C-D, A-E, C-E, C-Fの7つの辺から構成されるネットワークは、**リスト3.1**のように表すことができます。このようにネットワークのすべての辺を並べて表すデータ構造を**辺リスト**と呼びます。

リスト3.1　6つの頂点(A, B, C, D, E, F)のネットワーク

```
1  import networkx as nx
2  G = nx.Graph()
3  G.add_nodes_from(["A", "B", "C", "D", "E", "F"])
4  G.add_edges_from([("A", "B"), ("B", "C"), ("B", "D"), ("C", "D"), ("A",
   "E"), ("C", "E"), ("C", "F")])
5  nx.draw(G, node_size=400, node_color='red', with_labels=True, font_
   weight='bold')
```

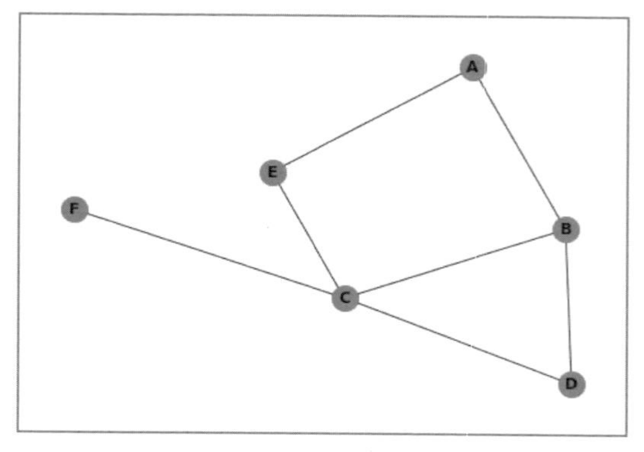

図3.1　リスト3.1の出力結果

リスト3.1は、次ページに示す5行からなります。

1 行目：NetworkX のライブラリを読み込んで、以降、nx の表記でライブラリを使用できるようにする

2 行目：頂点も辺もない、空のネットワーク G を作る

3 行目：頂点 A, B, C, D, E, F を、ネットワーク G に追加する

4 行目：辺 A-B, B-C, B-D, C-D, A-E, C-E, C-F をネットワーク G に追加する

5 行目：ネットワーク G を描画する。頂点の大きさや色、頂点のラベルを表示するか否かなどを指定することができる。ここでは、頂点のサイズを 400、色を赤にして、ラベルを太字で表示させるよう指定している

リスト 3.1 の例では、頂点を A から F の記号で表しましたが、数で表すこともできます。なお、その場合、頂点が 0 から始まることに気をつけてください。大規模なネットワークを人工的に生成する場合は、数で表すほうが便利です。数で表す場合のコードを**リスト 3.2** に示します。

リスト 3.2 6 つの頂点 (0, 1, 2, 3, 4, 5) のネットワーク

```
1  import networkx as nx
2  G = nx.Graph()
3  G.add_nodes_from([i for i in range(6)])
4  G.add_edges_from([(0, 1), (1, 2), (1 ,3), (2, 3), (2, 5), (0, 4), (2,
   4)])
5  nx.draw(G, node_size=400, node_color='red', with_labels=True, font_
   weight='bold')
```

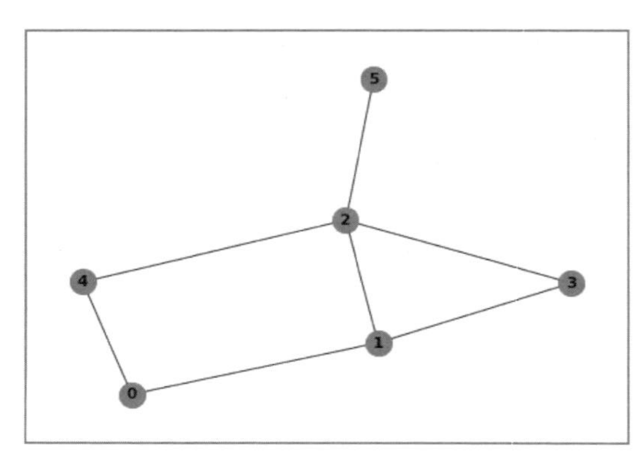

図3.2　リスト3.2の出力結果

これらのプログラムは、実行するたびに表示される各頂点の位置が変わりますが、ネットワークの構造は同じです。描画方法としては、頂点をランダムに配置するもの、円周上に配置するもの、バネモデルによって配置するものなどがあります。複数の描画方法を横に並べて比較することも可能で、**リスト3.3**では、2行目のImportでグラフ描画のためのライブラリであるMatplotlibもインポートしています。

3行目から5行目で、ネットワークGを作っています。

6、7行目では3分割した左の領域にdraw_randomで頂点をランダムに配置して描画しています。

8、9行目では、3分割した中央の領域にdraw_circularで頂点を円周上に配置して描画しています。

10、11行目では、3分割した右の領域にdraw_springで頂点をバネ配置で配置して描画しています。バネ配置については第10章で詳しく述べます。

リスト3.3　ランダム、円周上、バネモデルによる描画

```
1  import networkx as nx
2  import matplotlib.pyplot as plt
3  G = nx.Graph()
4  G.add_nodes_from(["A", "B", "C", "D", "E", "F"])
```

```
5  G.add_edges_from([("A", "B"), ("B", "C"), ("B", "D"), ("C", "D"), ("A",
   "E"), ("C", "E"), ("C", "F")])
6  plt.subplot(131)
7  nx.draw_random(G, node_size=400, node_color='red', with_labels=True,
   font_weight='bold')
8  plt.subplot(132)
9  nx.draw_circular(G, node_size=400, node_color='red', with_labels=True,
   font_weight='bold')
10 plt.subplot(133)
11 nx.draw_spring(G, node_size=400, node_color='red', with_labels=True,
   font_weight='bold')
```

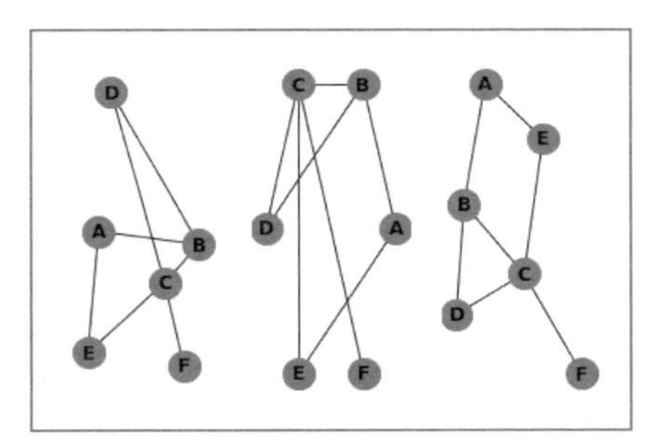

図 3.3 リスト 3.3 の出力結果

ネットワーク中の頂点の数や頂点のリスト、辺の数や辺のリストは、それぞれ「number_of_nodes」「nodes」「number_of_edges」「edges」を用いて表示できます。**リスト 3.4** で例を示します。

リスト 3.4 ネットワークの頂点や辺の表示

```
1  import networkx as nx
2  G = nx.Graph()
3  G.add_nodes_from(["A", "B", "C", "D", "E", "F"])
4  G.add_edges_from([("A", "B"), ("B", "C"), ("B", "D"), ("C", "D"), ("A",
   "E"), ("C", "E"), ("C", "F")])
5  print("number of nodes:", G.number_of_nodes())
```

```
6  print(G.nodes())
7  print("number of edges:", G.number_of_edges())
8  print(G.edges())
```

```
1  number of nodes: 6
2  ['A', 'B', 'C', 'D', 'E', 'F']
3  number of edges: 7
4  [('A', 'B'), ('A', 'E'), ('B', 'C'), ('B', 'D'), ('C', 'D'), ('C', 'E'),
   ('C', 'F')]
```

図 3.4　リスト 3.4 の出力結果

ネットワークを表すデータ構造として、これまでは辺リストを用いましたが、その他に**隣接行列**（adjacency matrix）がよく用いられます（**図 3.5**）。

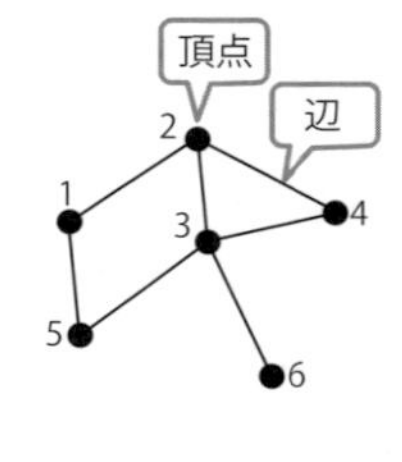

辺リスト

n=6
(1,2), (1,5), (2,3), (2,4), (3,4), (3,5), (3,6)

隣接行列

$$A_{ij} = \begin{cases} 1 & \text{頂点 } i \text{ と } j \text{ の間に辺があるとき} \\ 0 & \text{それ以外のとき} \end{cases}$$

$$A = \begin{pmatrix} 0 & 1 & 0 & 0 & 1 & 0 \\ 1 & 0 & 1 & 1 & 0 & 0 \\ 0 & 1 & 0 & 1 & 1 & 1 \\ 0 & 1 & 1 & 0 & 0 & 0 \\ 1 & 0 & 1 & 0 & 0 & 0 \\ 0 & 0 & 1 & 0 & 0 & 0 \end{pmatrix}$$

図 3.5　辺リストと隣接行列

ネットワークの頂点の数をnとすると、隣接行列は$n \times n$の正方行列で、頂点iと頂点jが辺で結ばれているならば、行列の(i, j)成分は 1、それ以外は 0 となります。図 3.5 左に表示されているネットワークは、同図右のような6×6の隣接行列によって表されます。NetworkX の内部では隣接行列を疎行列（成分のほとんどが 0 である行列のこと）として保持しているため、**リスト 3.5** の 12 行目のように todense で変換することによって、**図 3.6** のような通常の行列として表示することができます。

リスト 3.5 疎行列と密行列

```
1  import networkx as nx
2  G = nx.Graph()
3  G.add_nodes_from(["A", "B", "C", "D", "E", "F"])
4  G.add_edges_from([("A", "B"), ("B", "C"), ("B", "D"), ("C", "D"), ("A",
   "E"), ("C", "E"), ("C","F")])
5  print("number of nodes =", G.number_of_nodes())
6  print(G.nodes())
7  print("number of edges =", G.number_of_edges())
8  print(G.edges())
9  print("sparse adjacency matrix:")
10 print(nx.adjacency_matrix(G))
11 print("dense adjacency matrix:")
12 print(nx.adjacency_matrix(G).todense())
```

```
1  number of nodes = 6
2  ['A', 'B', 'C', 'D', 'E', 'F']
3  number of edges = 7
4  [('A', 'B'), ('A', 'E'), ('B', 'C'), ('B', 'D'), ('C', 'D'), ('C', 'E'),
   ('C', 'F')]
5  sparse adjacency matrix:
6    (0, 1)   1
7    (0, 4)   1
8    (1, 0)   1
9    (1, 2)   1
10   (1, 3)   1
11   (2, 1)   1
12   (2, 3)   1
13   (2, 4)   1
14   (2, 5)   1
```

```
15      (3, 1)    1
16      (3, 2)    1
17      (4, 0)    1
18      (4, 2)    1
19      (6, 2)    1
20    dense adjacency matrix:
21    [[0 1 0 0 1 0]
22     [1 0 1 1 0 0]
23     [0 1 0 1 1 1]
24     [0 1 1 0 0 0]
25     [1 0 1 0 0 0]
26     [0 0 1 0 0 0]]
```

図 3.6　リスト 3.5 の出力結果

次数

3.2.1　次数、次数分布

ネットワークの頂点の**次数**（degree）とは、その頂点につながる辺の数を表します。また、次数ごとに、その次数を持つ頂点数を表したものを**次数分布**といいます。

ネットワークの性質を分析する際に、次数分布はとても重要です。**リスト 3.6** のネットワークの例では、次数 0 の頂点が 0 個、次数 1 の頂点が 1 個、次数 2 の頂点が 3 個、次数 3 の頂点が 1 個、次数 4 の頂点が 1 個であるため、次数列は [0, 1, 3, 1, 1] となります。

リスト 3.6 ネットワークの次数分布

```
1 import networkx as nx
2 import matplotlib.pyplot as plt
3 G = nx.Graph()
4 G.add_nodes_from(["A", "B", "C", "D", "E", "F"])
5 G.add_edges_from([("A", "B"), ("B", "C"), ("B", "D"), ("C", "D"), ("A",
  "E"), ("C", "E"), ("C", "F")])
6 print("degree:", G.degree())
7 print(nx.degree_histogram(G))
8 print(nx.info(G))
9 plt.bar(range(5), height = nx.degree_histogram(G))
```

```
1 degree: [('A', 2), ('B', 3), ('C', 4), ('D', 2), ('E', 2), ('F', 1)]
2 [0, 1, 3, 1, 1]
3 Name:
4 Type: Graph
5 Number of nodes: 6
6 Number of edges: 7
7 Average degree:   2.3333
```

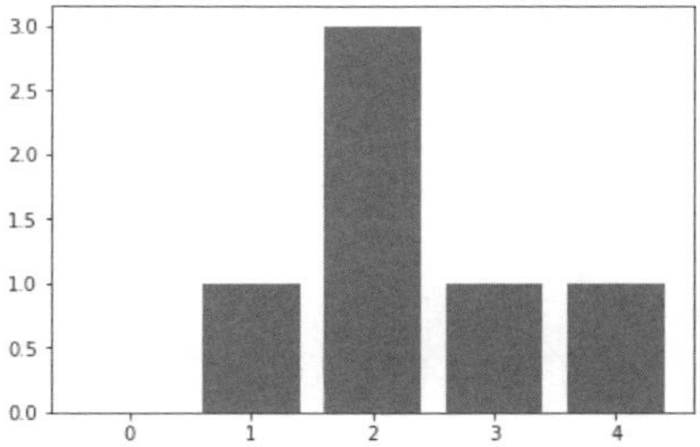

図 3.7 リスト 3.6 の出力結果

リスト 3.6 の 7、9 行目にある degree_histogram(G) は、ネットワークの次数分布を棒グラフで表示します（**図 3.7**）。x 軸は次数を、y 軸はその次数を持つ頂点の数（あるいはその割合）を表しています。この例では、次数 1 の頂点が 1 つ、次数 2 の頂点が 3 つ、次数 3 の頂点が 1、次数 4 の頂点が 1 つであることを示しています。

また、8行目のinfo(G)は、ネットワークGのおおまかな情報を表示します。具体的には、ネットワークの名前・タイプ（辺に向きがあるかないかなど）・頂点の数・辺の数・平均次数を表示します。

9行目のplt.histはMatplotlibのコマンドで、与えられた次数分布の配列を棒グラフ（ヒストグラム）として表示します。

3.2.2　有向グラフ、無向グラフ

ネットワークの辺に向きがあるものを**有向グラフ**、そうでないものを**無向グラフ**といいます。Webページのハイパーリンクや論文の参照関係など、向きのある関係を表すときに有向グラフを用います。

リスト3.7では、6行目のinfo(G)でネットワークの情報を表示した際に、平均次数が2つ表示されています（**図3.8**のAverage in degreeとAverage out degree）。辺に向きがあるため、頂点に入ってくる**入次数**（in degree）と、頂点から出ていく**出次数**（out degree）の2つがあり、それぞれの平均が表示されるためです。

リスト3.7　有向グラフ

```
1  import networkx as nx
2  G = nx.DiGraph()
3  G.add_nodes_from(["A", "B", "C", "D", "E", "F"])
4  G.add_edges_from([("A", "B"), ("B", "C"), ("B","D"), ("C", "D"), ("A",
   "E"), ("C", "E"), ("C", "F")])
5  nx.draw(G, node_size=400, node_color='red', with_labels=True, font_
   weight='bold')
6  print(nx.info(G))
```

```
1  Name:
2  Type: DiGraph
3  Number of nodes: 6
```

```
4  Number of edges: 7
5  Average in degree:   1.1667
6  Average out degree:   1.1667
```

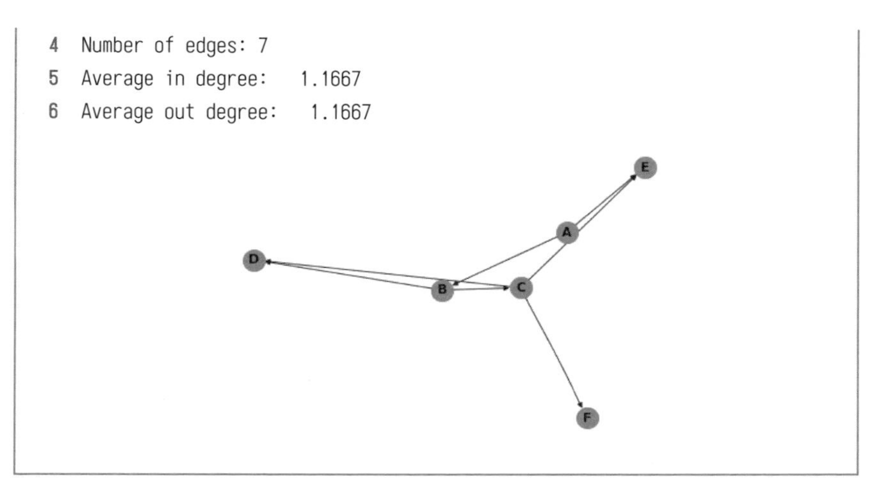

図 3.8 リスト 3.7 の出力結果

3.2.3 多重辺、自己ループ

2 頂点間をつなぐ複数の辺（**多重辺**：multiedge）や、同一頂点を結ぶ辺（**自己ループ**：self-loop）が存在するネットワークを考えることもできます（**図 3.9**）。

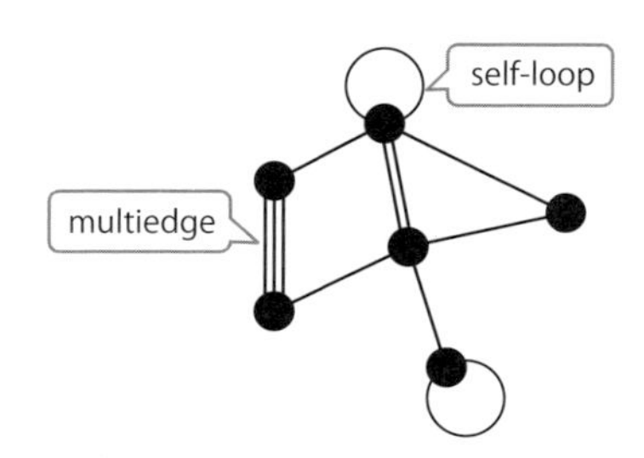

図 3.9 多重辺と自己ループ

リスト 3.7 のネットワークに、C-F 間の辺と、F-F 間の辺をさらに追加した例を、**リスト 3.8** に示します。

リスト 3.8　多重辺と自己ループ

```
1  import networkx as nx
2  G = nx.MultiGraph()
3  G.add_nodes_from(["A", "B", "C", "D", "E", "F"])
4  G.add_edges_from([("A", "B"), ("B", "C"), ("B", "D"), ("C", "D"), ("A",
   "E"), ("C", "E"), ("C", "F"), ("C", "F"), ("F", "F")])
5  print("degree:", G.degree())
6  nx.draw(G, node_size=400, node_color='red', with_labels=True, font_
   weight='bold')
7  print(nx.info(G))
```

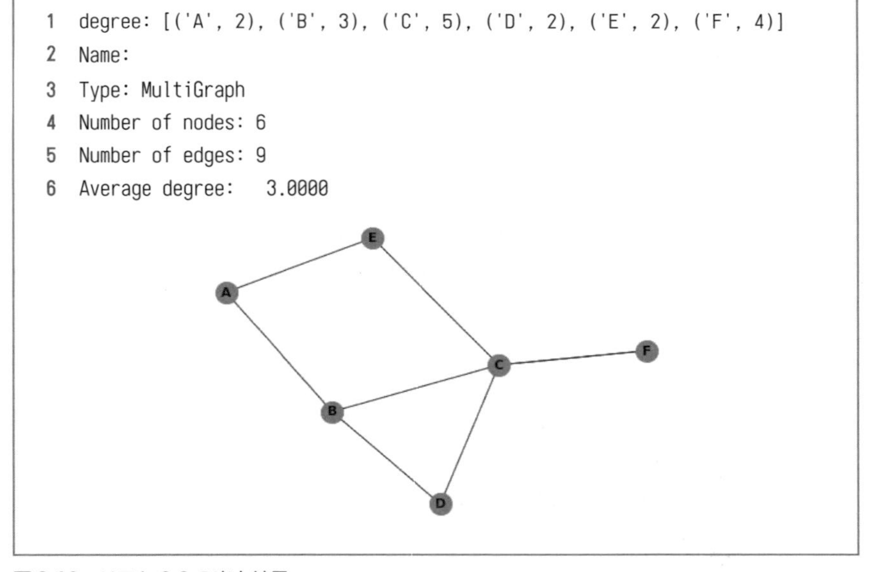

図 3.10　リスト 3.8 の出力結果

図 3.10 に示すように、C と F の次数がそれぞれ 5 と 4 になっています。この例では辺の数は自然数ですが、これを一般の正の数としたものを**重み付きグラフ**（weighted graph）といいます。たとえば、水道管のネットワークにおける管の容量や、有料道路のネットワークにおけるコストなどを重みとして表すこ

とができます。

3.2.4 有向グラフから無向グラフへの変換

有向グラフを無向グラフに変換する方法として、**共引用**（co-citation）と**書誌結合**（bibliographic coupling）があります（**図 3.11**）。

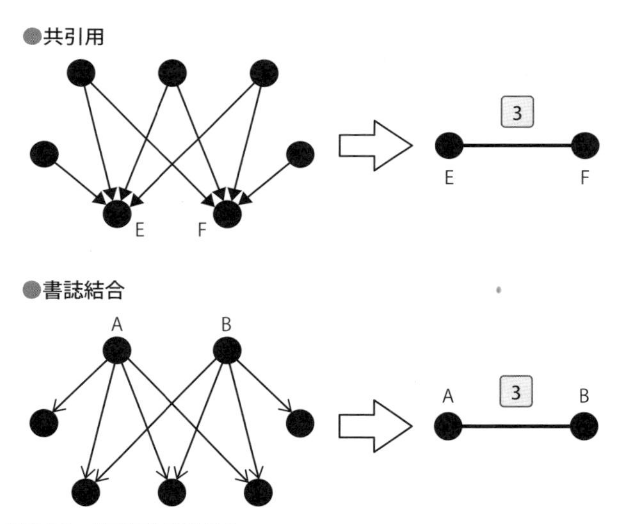

図 3.11 共引用と書誌結合

共引用は、複数の頂点への有向辺を持つ頂点があるときに、有向辺を向けられている複数の頂点同士を無向辺でつなぐことで得られます。図 3.11 の場合、上の 3 つの頂点がともに E と F への有向辺を持っているため、E と F が共に引用されているといえます。**リスト 3.9** の例では、頂点 E と F 両方への有向辺を持つ頂点が 3 つ（A, B, C）存在するので、E と F の間を重み 3 の辺でつないだ無向グラフが得られます（**図 3.12**）。

リスト 3.9 共引用

```
1 import networkx as nx
```

```
2  import matplotlib.pyplot as plt
3  G = nx.DiGraph()
4  G.add_nodes_from(["A", "B", "C", "D", "E", "F"])
5  G.add_edges_from([("A", "E"), ("A", "F"), ("B", "E"), ("B", "F"), ("C",
   "E"), ("C", "F"), ("D", "F")])
6  plt.subplot(121)
7  nx.draw_circular(G, node_size=400, node_color='red', with_labels=True,
   font_weight='bold')
8  GC = nx.MultiGraph()
9  GC.add_nodes_from(["E", "F"])
10 GC.add_edges_from([("E", "F"), ("E", "F"), ("E", "F")])
11 plt.subplot(122)
12 nx.draw_circular(GC, node_size=400, node_color='red', with_labels=True,
   font_weight='bold')
```

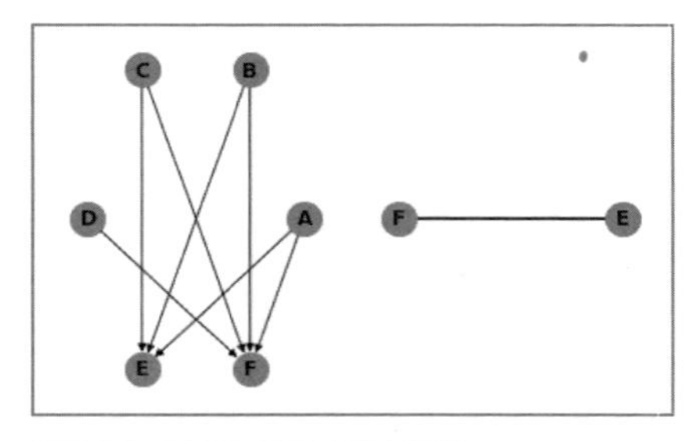

図3.12　リスト3.9の出力結果

書誌結合は共引用の逆で、同じ頂点への有向辺を持つ頂点が複数あるとき、その複数の頂点同士を無向辺でつなぐことで得られます。**リスト3.10**の例では、頂点AとBから、他の共通の頂点（D, E, F）への有向辺が存在するので、AとBの間を重み3の辺で結んだ無向グラフが得られます（**図3.13**）。

リスト3.10　書誌結合

```
1  import networkx as nx
2  import matplotlib.pyplot as plt
3  G = nx.DiGraph()
```

```
 4  G.add_nodes_from(["A", "B", "C", "D", "E", "F"])
 5  G.add_edges_from([("A", "D"), ("A", "E"), ("A", "F"), ("B", "C"), ("B",
    "D"), ("B", "E"), ("B", "F")])
 6  plt.subplot(121)
 7  nx.draw_circular(G, node_size=400, node_color='red', with_labels=True,
    font_weight='bold')
 8  GB = nx.MultiGraph()
 9  GB.add_nodes_from(["A", "B"])
10  GB.add_edges_from([("A", "B"), ("A", "B"), ("A", "B")])
11  plt.subplot(122)
12  nx.draw_circular(GB, node_size=400, node_color='red', with_labels=True,
    font_weight='bold')
```

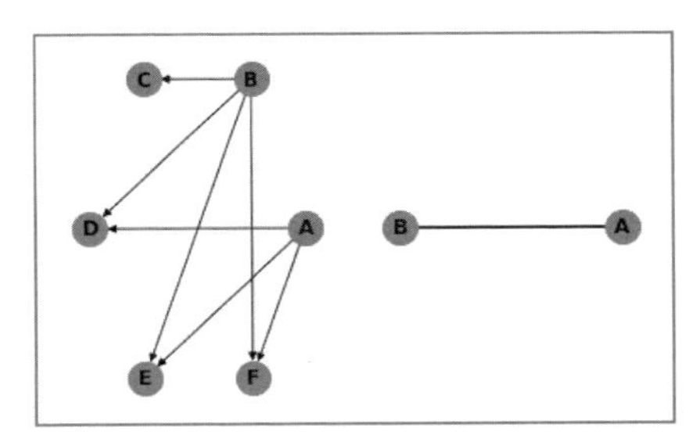

図 3.13 リスト 3.10 の出力結果

このような変換は、隣接行列の掛け算によって求めることができます。共引用を例にとると、もとのネットワークの隣接行列をAとしたとき、その**転置行列**[†6] A^TとAとの積を求め、その対角成分を0としたものが共引用の隣接行列です。

逆にAとA^Tとの積を求め、その対角成分を0としたものが、書誌結合の隣接行列です。**リスト 3.11** にある transpose は、転置行列を求める関数です。また、diag は対角成分のリストを返す関数ですが、二重に使うとそれを対角成分に持つ行列を返します（**図 3.14**）。

† 6　p 行 q 列の行列 A において、要素 (i, j) と (j, i) の要素を入れ替えて、q 行 p 列とした行列のこと。

リスト 3.11　共引用の隣接行列

```
1  import networkx as nx
2  import numpy as np
3  G = nx.DiGraph()
4  G.add_nodes_from(["A", "B", "C", "D", "E", "F"])
5  G.add_edges_from([("A", "E"), ("A", "F"), ("B", "E"), ("B", "F"), ("C",
   "E"), ("C", "F"), ("D", "F")])
6  print("sparse adjacency matrix:")
7  print(nx.adjacency_matrix(G))
8  print("dense adjacency matrix:")
9  print(nx.adjacency_matrix(G).todense())
10 A = nx.adjacency_matrix(G).todense()
11 AT = A.transpose()
12 M = np.dot(AT, A)
13 M = M - np.diag(np.diag(M))
14 print("co-citation adjacency matrix:")
15 print(M)
```

```
1  sparse adjacency matrix:
2    (0, 4)    1
3    (0, 5)    1
4    (1, 4)    1
5    (1, 5)    1
6    (2, 4)    1
7    (2, 5)    1
8    (3, 5)    1
9  dense adjacency matrix:
10 [[0 0 0 0 1 1]
11  [0 0 0 0 1 1]
12  [0 0 0 0 1 1]
13  [0 0 0 0 0 1]
14  [0 0 0 0 0 0]
15  [0 0 0 0 0 0]]
16 co-citation adjacency matrix:
17 [[0 0 0 0 0 0]
```

```
18    [0 0 0 0 0 0]
19    [0 0 0 0 0 0]
20    [0 0 0 0 0 0]
21    [0 0 0 0 0 3]
22    [0 0 0 0 3 0]]
```

図 3.14 リスト 3.11 の出力結果

無向グラフ$G = (V, E)$では、一般的に、頂点の数$|V|$をn、辺の数$|E|$をmで表します。頂点iの次数をk_iで表すと、$\sum_{i=1}^{n} k_i = 2m$となるので、平均次数cは$c = \frac{1}{n}\sum_{i=1}^{n} k_i = \frac{2m}{n}$となります。また、次数の総和は、辺の数の 2 倍になります。これは、1 本の辺が両端で 2 回カウントされているためです。

すべての頂点間に辺が存在するグラフのことを、**完全グラフ**と呼びます。頂点の数がnの無向グラフにおいて、完全グラフの辺の数は${}_nC_2 = n(n-1)/2$で表現できます。グラフの密度は、辺の数を、同じ頂点の数の完全グラフの辺の数で割ったものになります。$\rho = \frac{m}{{}_nC_2} = \frac{2m}{n(n-1)} = \frac{c}{n-1}$で、$n$が十分大きいときは$\rho \approx \frac{c}{n}$と近似できます。値の範囲は$0 \leq \rho \leq 1$です。

密なグラフとは、$n \to \infty$のときに$\rho \to const$となるものであり、**疎なグラフ**とは、$n \to \infty$のときに$\rho \to 0$となるものを指します。社会ネットワークなどの実ネットワークの多くは疎であるため、この性質を利用したアルゴリズムやモデルが多く作られています。

3.2.5 2部グラフ

2 種類の頂点から構成され、異なる種類の頂点間にしか辺が存在しないグラフを **2 部グラフ**（bipartite graph、two-mode graph）と呼びます。たとえば、「論文とその著者」「イベントとその参加者」など、2 部グラフによって表現される関係は数多く存在します。

2 部グラフから同一種類の頂点のグラフを生成する方法として、**プロジェクション**があります。これは、もとの 2 部グラフにおいて、距離 2 でつながっている頂点を辺で結んだグラフを生成するものです。どちらの種類の頂点に注目するかによって、2種類のグラフが得られます（**図3.15**）。たとえば図3.15の2部グラフは、俳優と出演映画との関係を表していますが、プロジェクションによって、同じ俳優が出演した映画の関係（A, …, Dについてのグラフ）や、俳優の共演関係（1, …, 7についてのグラフ）が得られます。

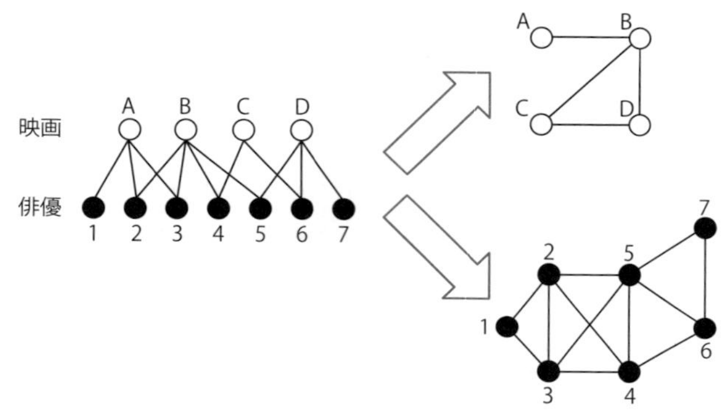

図3-15　2部グラフとプロジェクション

リスト3.12　2部グラフとプロジェクション

```
1  import networkx as nx
2  from networkx.algorithms import bipartite
3  import matplotlib.pyplot as plt
4  B = nx.Graph()
5  B.add_nodes_from([1, 2, 3, 4], bipartite=0)
6  B.add_nodes_from(['a', 'b', 'c'], bipartite=1)
7  B.add_edges_from([(1, 'a'), (1, 'b'), (2, 'b'), (2, 'c'), (3, 'c'), (4,
   'a')])
8  plt.subplot(131)
9  nx.draw(B, node_size=400, node_color='red', with_labels=True, font_
   weight='bold')
10
11 top_nodes = set(n for n, d in B.nodes(data=True) if d['bipartite']==0)
```

```
12  bottom_nodes = set(B) - top_nodes
13  print("top nodes :", top_nodes)
14  print("bottom nodes :", bottom_nodes)
15
16  GT = bipartite.projected_graph(B, top_nodes)
17  print("projected graph (top nodes):", GT.edges())
18  plt.subplot(132)
19  nx.draw(GT, node_size=400, node_color='red', with_labels=True, font_
    weight='bold')
20  GB = bipartite.projected_graph(B, bottom_nodes)
21  print("projected graph (bottom nodes):", GB.edges())
22  plt.subplot(133)
23  nx.draw(GB, node_size=400, node_color='red', with_labels=True, font_
    weight='bold')
```

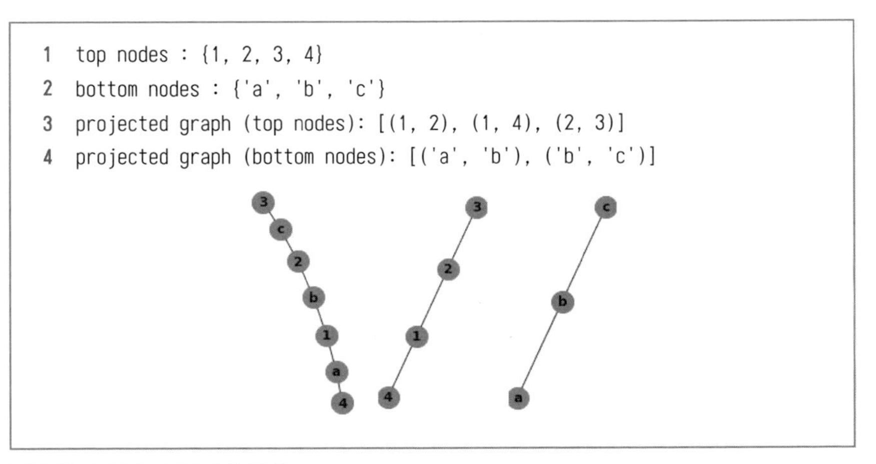

```
1  top nodes : {1, 2, 3, 4}
2  bottom nodes : {'a', 'b', 'c'}
3  projected graph (top nodes): [(1, 2), (1, 4), (2, 3)]
4  projected graph (bottom nodes): [('a', 'b'), ('b', 'c')]
```


図 3.16 リスト 3.12 の出力結果

パス

3.3.1　パスの概要

無向グラフ$G = (V, E)$において、頂点Aと辺でつながっている他の頂点に移ることを繰り返して、最終的に頂点Bに到着したとき、この辺集合を頂点Aと頂点Bの間の**パス**と呼びます。また、パス中の辺の数を、**パスの長さ**（length）と呼びます。

リスト3.13では、無向グラフを表す隣接行列と、その積を計算して表示しています。与えられた無向グラフにおいて、2頂点間の長さrのパスの有無は、隣接行列の積によって調べることができます。無向グラフGの隣接行列をAとしたとき、その行列同士の積A^2の(i, j)成分は、頂点iと頂点jとの長さ2のパスの数を表しています。たとえば、A^2の（1, 3）成分は2ですが、これはA-B-CとA-E-Cの2つのパスを表しています。

ただし、(i, i)成分は頂点iから他の頂点に移ってまた戻ってくる場合の数を表しており、頂点iの次数k_iに等しくなります。たとえば、A^2の（2, 2）成分は3ですが、これは頂点Bの次数に等しくなります。

同様に、A^3の(i, j)成分は頂点iと頂点jを結ぶ長さ3のパスの数を表しています。たとえば、頂点Aと頂点Bの間の長さ3のパスを考えたとき、A^3の(1, 2)成分は5ですが、これはA-E-C-B, A-E-A-B, A-B-D-B, A-B-C-B, A-B-A-Bの5つのパスを表しています。

リスト3.13　隣接行列の積とパス

```
1  import networkx as nx
2  import numpy as np
3  G = nx.Graph()
4  G.add_nodes_from(["A", "B", "C", "D", "E", "F"])
```

```
5  G.add_edges_from([("A", "B"), ("B", "C"), ("B", "D"), ("C", "D"), ("A",
   "E"), ("C", "E"), ("C", "F")])
6  plt.figure(figsize=(5, 5))
7  nx.draw(G, node_size=400, node_color='red', with_labels=True, font_
   weight='bold')
8  Z = nx.adjacency_matrix(G).todense()
9  print("adjacency matrix A:")
10 print(Z)
11 print("A * A:")
12 print(Z**2) # or np.dot(Z, Z) or Z.dot(Z)
13 print("degree:", G.degree())
14 print("A * A * A:")
15 print(Z**3)
```

```
1  adjacency matrix A:
2  [[0 1 0 0 1 0]
3   [1 0 1 1 0 0]
4   [0 1 0 1 1 1]
5   [0 1 1 0 0 0]
6   [1 0 1 0 0 0]
7   [0 0 1 0 0 0]]
8  A * A:
9  [[2 0 2 1 0 0]
10  [0 3 1 1 2 1]
11  [2 1 4 1 0 0]
12  [1 1 1 2 1 1]
13  [0 2 0 1 2 1]
14  [0 1 0 1 1 1]]
15 degree: [('A', 2), ('B', 3), ('C', 4), ('D', 2), ('E', 2), ('F', 1)]
16 A * A * A:
17 [[0 5 1 2 4 2]
18  [5 2 7 4 1 1]
19  [1 7 2 5 6 4]
20  [2 4 5 2 2 1]
21  [4 1 6 2 0 0]
22  [2 1 4 1 0 0]]
```

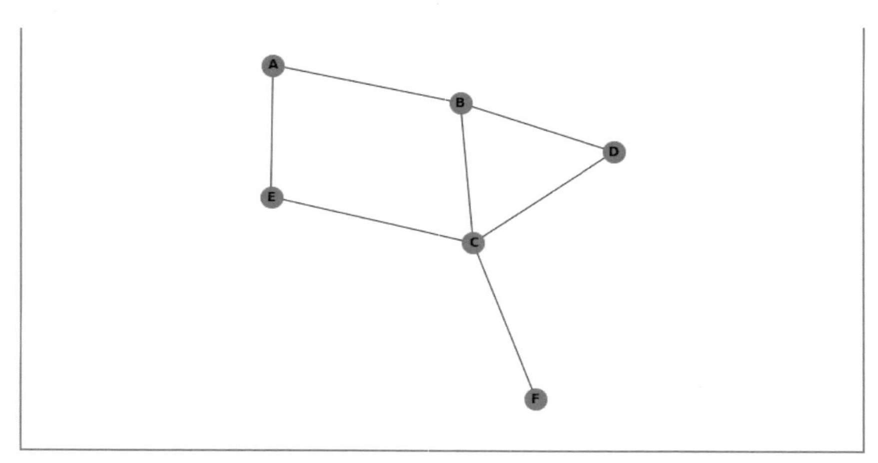

図 3.17　リスト 3.13 の出力結果

3.3.2 サイクル

サイクル（**ループ**）とは、始点と終点が同一頂点となるパスのことです。**図 3.15** のグラフでは、隣接行列の 3 乗 A^3 の $(2,2)$ 成分、$(3,3)$ 成分、$(4,4)$ 成分がそれぞれ 2 になります。これは、たとえば $(2,2)$ 成分ならば、B-C-D-B と B-D-C-B、2 つの（逆回りの）サイクルがあることを示しています。

有向グラフにおいても同様に、隣接行列 A の積を求めることで、サイクルを見つけることができます。たとえば、**図 3.18** のような有向グラフの隣接行列 A において、A, A^2, A^3 の対角成分はすべて 0 ですが、A^4 は 0 ではなくなります。このグラフには、$B \rightarrow F \rightarrow E \rightarrow C \rightarrow B$ というループがあり、隣接行列の積によってそれを確かめることができます。

リスト 3.14　隣接行列の積とサイクル

```
1  import networkx as nx
2  import numpy as np
3  G = nx.DiGraph()
4  G.add_nodes_from(["A", "B", "C", "D", "E", "F"])
```

```
5  G.add_edges_from([("A", "C"), ("C", "B"), ("B", "F"), ("F", "D"), ("F",
   "E"), ("D", "E"), ("E", "C"), ("D", "A")])
6  plt.figure(figsize=(5, 5))
7  nx.draw(G, node_size=400, node_color='red', with_labels=True, font_
   weight='bold')
8  Z = nx.adjacency_matrix(G).todense()
9  print("A: diag =", np.diag(Z))
10 print(Z)
11 Z2 = Z**2 # or Z.dot(Z) or np.dot(Z,Z)
12 print("A * A: diag =", np.diag(Z2))
13 print(Z2)
14 Z3 = Z**3
15 print("A * A * A: diag =", np.diag(Z3))
16 print(Z3)
17 Z4 = Z**4
18 print("A * A * A * A: diag =", np.diag(Z4))
19 print(Z4)
```

```
1  A: diag = [0 0 0 0 0 0]
2  [[0 0 1 0 0 0]
3   [0 0 0 0 0 1]
4   [0 1 0 0 0 0]
5   [1 0 0 0 1 0]
6   [0 0 1 0 0 0]
7   [0 0 0 1 1 0]]
8  A * A: diag = [0 0 0 0 0 0]
9  [[0 1 0 0 0 0]
10  [0 0 0 1 1 0]
11  [0 0 0 0 0 1]
12  [0 0 2 0 0 0]
13  [0 1 0 0 0 0]
14  [1 0 1 0 1 0]]
15 A * A * A: diag = [0 0 0 0 0 0]
16 [[0 0 0 0 0 1]
17  [1 0 1 0 1 0]
18  [0 0 0 1 1 0]
```

```
19    [0 2 0 0 0 0]
20    [0 0 0 0 0 1]
21    [0 1 2 0 0 0]]
22  A * A * A * A: diag = [0 1 1 0 1 1]
23  [[0 0 0 1 1 0]
24    [0 1 2 0 0 0]
25    [1 0 1 0 1 0]
26    [0 0 0 0 0 2]
27    [0 0 0 1 1 0]
28    [0 2 0 0 0 1]]
```

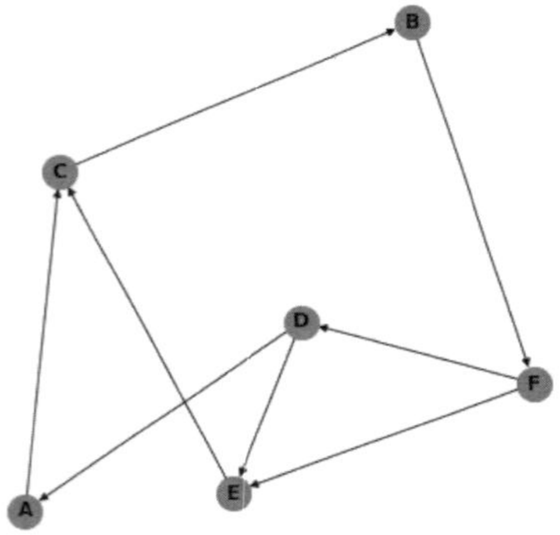

図 3.18　リスト 3.14 の出力結果

3.3.3 非循環グラフ

サイクルが存在しないグラフを、**非循環グラフ**（acyclic graph）と呼びます。サイクルの最大長はそのグラフの頂点の数n以下なので、A, A^2, A^3, ..., A^n の対角成分をすべて調べればサイクルの有無は判定できます。しかし、nが大きい場合は計算が困難です。

非循環グラフであるなら、その隣接行列のすべての固有値が 0 であり、その逆も真であることから、隣接行列の固有値でサイクルの有無を判定できます。先のグラフの隣接行列の「すべての固有値が 0」ではなく、サイクルが存在することがわかります。一方、サイクルが存在しないもう１つのグラフにおいては、すべての固有値が０となっています。

リスト 3.15 では、隣接行列の固有値を計算するために、効率的な数値計算を行うためのライブラリである NumPy を２行目でインポートしています。

リスト 3.15 非循環グラフの隣接行列の固有値

```
1  import networkx as nx
2  import numpy as np
3  import matplotlib.pyplot as plt
4  import numpy.linalg as LA
5  G = nx.DiGraph()
6  G.add_nodes_from(["A", "B", "C", "D", "E", "F"])
7  G.add_edges_from([("A", "C"), ("C", "B"), ("B", "F"), ("F", "D"), ("F",
   "E"), ("D", "E"), ("E", "C"), ("D", "A")])
8  plt.subplot(121)
9  nx.draw(G, node_size=400, node_color='red', with_labels=True, font_
   weight='bold')
10 Z = nx.adjacency_matrix(G).todense()
11 w, v = LA.eig(Z)
12 print("cyclic: eigenvalues =", w)
13 print(Z)
14 GA = nx.DiGraph()
15 GA.add_nodes_from(["A", "B", "C", "D", "E", "F"])
16 GA.add_edges_from([("A", "C"), ("C", "B"), ("F"," B"), ("D", "F"),
   ("F","E"), ("D", "E"), ("E", "C"), ("D", "A")])
17 plt.subplot(122)
18 nx.draw(GA, node_size=400, node_color='red', with_labels=True, font_
   weight='bold')
19 ZA = nx.adjacency_matrix(GA).todense()
20 wa, va = LA.eig(ZA)
21 print("acyclic: eigenvalues =", wa)
22 print(ZA)
```

```
1  cyclic: eigenvalues = [ 1.26716830e+00+0.j
   2.60963880e-01+1.17722615j
2    2.60963880e-01-1.17722615j -8.94548033e-01+0.53414855j
3   -8.94548033e-01-0.53414855j -2.46519033e-32+0.j         ]
4  [[0 0 1 0 0 0]
5   [0 0 0 0 0 1]
6   [0 1 0 0 0 0]
7   [1 0 0 0 1 0]
8   [0 0 1 0 0 0]
9   [0 0 0 1 1 0]]
10 acyclic: eigenvalues = [0. 0. 0. 0. 0. 0. 0.]
11 [[0 0 1 0 0 0 0]
12  [0 0 0 0 0 0 0]
13  [0 1 0 0 0 0 0]
14  [1 0 0 0 1 1 0]
15  [0 0 1 0 0 0 0]
16  [0 0 0 0 1 0 1]
17  [0 0 0 0 0 0 0]]
```

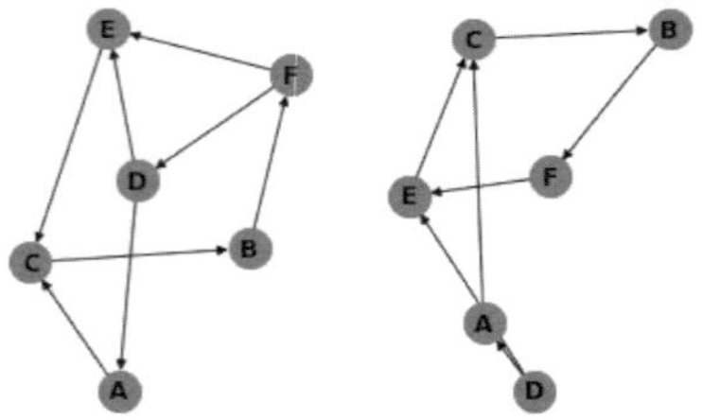

図3.19 リスト3.15の出力結果

サイクルがない有向グラフは、**DAG**（directed acyclic graph）と呼ばれます。DAGは、隣接行列の行と列を入れ替えることで**三角行列**にすることができます。

三角行列とは、0でない要素が行列の対角成分より上（下）だけに存在し、対角成分より下（上）はすべて0となる行列のことです。**図3.19**右のグラフはDAGであり、隣接行列における行と列の頂点順をABCDEFの順でなくDAFECBの順にすると（あるいは頂点名をD→A, A→B, F→C, E→D, C→E,

B→F に変更すると）、上三角行列になります。三角行列の固有値は対角成分ですが、自己ループをもたないグラフの場合はすべて 0 になります。「サイクルがないグラフの隣接行列の固有値は、すべて 0 である」ことを示す一例です。

リスト 3.16 DAG と上三角行列

```
1  import networkx as nx
2  import numpy as np
3  import matplotlib.pyplot as plt
4  import numpy.linalg as LA
5  GA = nx.DiGraph()
6  GA.add_nodes_from(["A", "B", "C", "D", "E", "F"])
7  GA.add_edges_from([("A", "C"), ("C", "B"), ("F", "B"), ("D", "F"), ("F",
   "E"), ("D", "E"), ("E", "C"), ("D", "A")])
8  plt.subplot(121)
9  nx.draw(GA, node_size=400, node_color='red', with_labels=True, font_
   weight='bold')
10 ZA = nx.adjacency_matrix(GA).todense()
11 print(ZA)
12 print("D->A, A->B, F->C, E->D, C->E, B->F")
13 GA2 = nx.DiGraph()
14 GA2.add_nodes_from(["A", "B", "C", "D", "E", "F"])#"B", "F", "E", "A",
   "D", "C"
15 GA2.add_edges_from([("B", "E"), ("E", "F"), ("C", "F"), ("A", "C"), ("C",
   "D"), ("A", "D"), ("D", "E"), ("A", "B")])
16 plt.subplot(122)
17 nx.draw(GA2, node_size=400, node_color='red', with_labels=True, font_
   weight='bold')
18 ZA2 = nx.adjacency_matrix(GA2).todense()
19 print(ZA2)
```

```
1  [[0 0 1 0 0 0]
2   [0 0 0 0 0 0]
3   [0 1 0 0 0 0]
4   [1 0 0 0 1 1]
```

```
5   [0 0 1 0 0 0]
6   [0 1 0 0 1 0]]
7  D->A, A->B, F->C, E->D, C->E, B->F
8  [[0 1 1 1 0 0]
9   [0 0 0 0 1 0]
10  [0 0 0 1 0 1]
11  [0 0 0 0 1 0]
12  [0 0 0 0 0 1]
13  [0 0 0 0 0 0]]
```


図 3.20　リスト 3.16 の出力結果

無向でサイクルがないグラフを、**木**（tree）や**森**（forest）と呼びます。前者はグラフの連結成分が 1 つのもの、後者はそれ以外のものです。木においては、頂点の数を n、辺の数を m とすると、$n = m + 1$となります。

3.3.4　直径

グラフにおける**直径**（diameter）とは、グラフの任意の 2 頂点間における最短パス長のなかで、最大のもののことをいいます。**リスト 3.17** のプログラムでは、頂点 A と F の間の最短パスの 1 つ、すべての最短パス、最短パス長、およびグラフ全体の直径を表示しています。たとえば、リスト 3.17 のグラフにおける直径は 3 です。

リスト 3.17　グラフの直径

```
1  import networkx as nx
2  G = nx.Graph()
3  G.add_nodes_from(["A", "B", "C", "D", "E", "F"])
4  G.add_edges_from([("A", "B"), ("B", "C"), ("B", "D"), ("C", "D"), ("A",
   "E"), ("C", "E"), ("C", "F")])
5  plt.figure(figsize=(5, 5))
6  nx.draw(G, node_size=400, node_color='red', with_labels=True, font_
   weight='bold')
7  Z = nx.adjacency_matrix(G).todense()
8  print("shortest path between A and F:", nx.shortest_path(G, "A", "F"))
9  print("all shortest paths:", [p for p in nx.all_shortest_paths(G, "A",
   "F")])
10 print("shortest path length:", nx.shortest_path_length(G, "A", "F"))
11 print("diameter:" , nx.diameter(G))
```

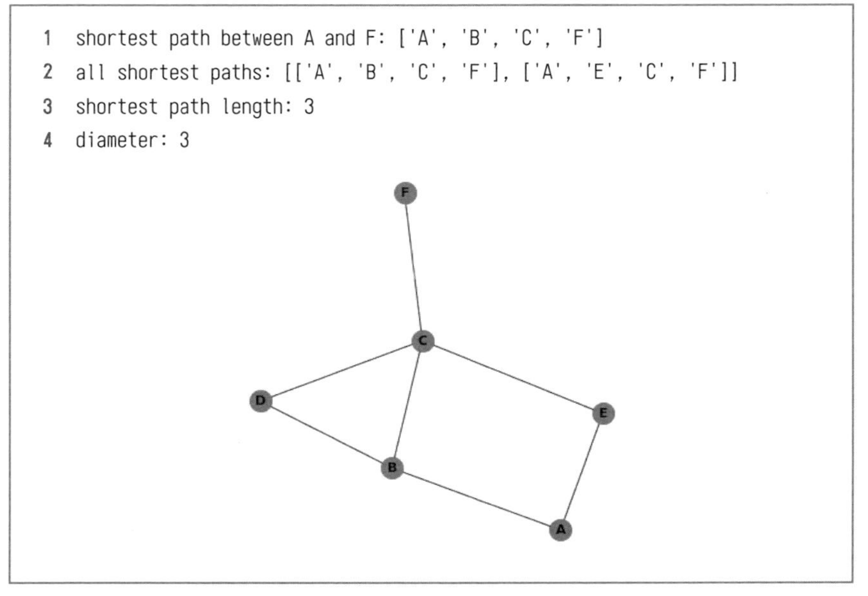

```
1  shortest path between A and F: ['A', 'B', 'C', 'F']
2  all shortest paths: [['A', 'B', 'C', 'F'], ['A', 'E', 'C', 'F']]
3  shortest path length: 3
4  diameter: 3
```


図 3.21　リスト 3.17 の出力結果

3 4 連結成分

3.4.1 連結、連結成分

グラフ上の任意の 2 頂点間のパスが存在するとき、そのグラフは**連結**であるといいます。また、任意の 2 頂点間のパスが存在するような**部分グラフ**（もとのグラフの一部の頂点や辺から構成されるグラフ）を、そのグラフの**連結成分**と呼びます。

グラフの連結成分の個数は、**グラフラプラシアン**の固有値が 0 となるものの個数で求められます。グラフラプラシアンについては 3.5 節で詳述しますが、簡単に述べると、グラフの隣接行列を A、各頂点の次数を対角成分に持つ対角ベクトルを D としたとき、$L = D - A$ で求められる行列のことです。各要素が 1 の長さ n の列ベクトル　に対して、$L \cdot 1 = 0 \cdot 1$ であることから、任意のグラフのグラフラプラシアンは、少なくとも 1 つの固有値 0 を持ちます。連結成分が複数あるグラフでは、そのグラフラプラシアンは、複数の固有値 0 を持ちます。

リスト 3.18 の例では、連結成分が 1 つのグラフと 2 つのグラフのそれぞれについて、グラフラプラシアンの固有値を表示しています。連結成分が 1 つの左のグラフでは、グラフラプラシアンの固有値が 0 となるのは 1 つだけですが、辺を取り除いて連結成分が 2 つとなった右のグラフにおいては、そのグラフラプラシアンが 2 つの固有値 0 を持つことがわかります。

リスト 3.18　連結成分の個数とグラフラプラシアンの固有値

```
1  import networkx as nx
2  import numpy as np
3  import matplotlib.pyplot as plt
4  import numpy.linalg as LA
5  G = nx.Graph()
```

```
6  G.add_nodes_from(["A", "B", "C", "D", "E", "F"])
7  G.add_edges_from([("A", "B"), ("B", "C"), ("B", "D"), ("C", "D"), ("A",
   "E"), ("C", "E"), ("C", "F")])
8  plt.subplot(121)
9  nx.draw(G, node_size=400, node_color='red', with_labels=True, font_
   weight='bold')
10 print("connected")
11 print("number of connected components:", nx.number_connected_
   components(G))
12 L = nx.laplacian_matrix(G).todense()
13 print("Laplacian matrix L:")
14 print(L)
15 np.set_printoptions(formatter={'float': '{:.3f}'.format})
16 print("eigenvalues of L", LA.eigvals(L))
17 print("disconnected")
18 G.remove_edges_from([("B", "C"), ("B", "D"), ("C", "E")])
19 plt.subplot(122)
20 nx.draw(G, node_size=400, node_color='red', with_labels=True, font_
   weight='bold')
21 print("number of connected components:", nx.number_connected_
   components(G))
22 L = nx.laplacian_matrix(G).todense()
23 print("Laplacian matrix L:")
24 print(L)
25 print("eigenvalues of L", LA.eigvals(L))
```

```
1  connected
2  number of connected components: 1
3  Laplacian matrix L:
4  [[ 2 -1  0  0 -1  0]
5   [-1  3 -1 -1  0  0]
6   [ 0 -1  4 -1 -1 -1]
7   [ 0 -1 -1  2  0  0]
8   [-1  0 -1  0  2  0]
9   [ 0  0 -1  0  0  1]]
10 eigenvalues of L [5.269 3.865 2.534 -0.000 0.882 1.451]
```

```
11  disconnected
12  number of connected components: 2
13  Laplacian matrix L:
14  [[ 2 -1  0  0 -1  0]
15   [-1  1  0  0  0  0]
16   [ 0  0  2 -1  0 -1]
17   [ 0  0 -1  1  0  0]
18   [-1  0  0  0  1  0]
19   [ 0  0 -1  0  0  1]]
20  eigenvalues of L [3.000 -0.000 1.000 3.000 1.000 -0.000]
```

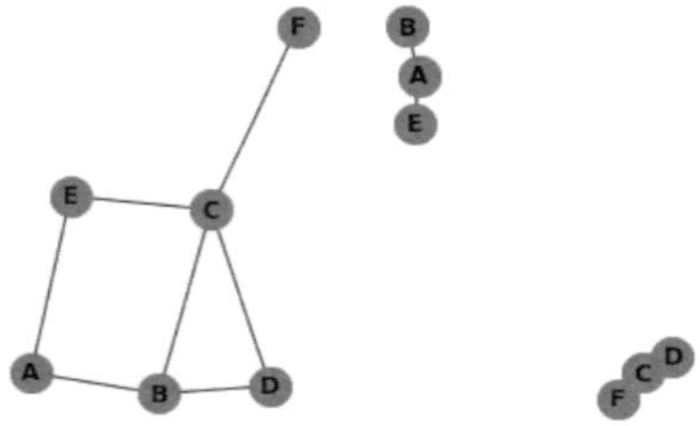

図 3.22　リスト 3.18 の出力結果

3.4.2　強連結成分

有向グラフでは、頂点 A から頂点 B へのパスはあるものの、逆のパスはない場合があります。有向グラフにおいて、任意の 2 頂点間のパスが存在するような部分グラフを、そのグラフの**強連結成分**（**SCC**：Strongly Connected Component）と呼びます。

複数の頂点からなる強連結成分は、サイクルを含んでいます。たとえば、**リスト 3.19** の例は、グラフ全体が強連結成分です（**図 3.23** 左）。しかし、F → D の辺を除去すると、強連結成分は (E, C, B, F), (D), (A) の 3 つになります（同図右）。

リスト 3.19 グラフの強連結成分

```
1  import networkx as nx
2  import numpy as np
3  import matplotlib.pyplot as plt
4  import numpy.linalg as LA
5  G = nx.DiGraph()
6  G.add_nodes_from(["A", "B", "C", "D", "E", "F"])
7  G.add_edges_from([("A", "C"), ("C", "B"), ("B", "F"), ("F", "D"), ("F",
   "E"), ("D", "E"), ("E", "C"), ("D", "A")])
8  plt.subplot(121)
9  nx.draw(G, node_size=400, node_color='red', with_labels=True, font_
   weight='bold')
10 print("number of strongly connected components:", nx.number_strongly_
   connected_components(G))
11 print("edge F->D is deleted")
12 G.remove_edges_from([("F", "D")])
13 plt.subplot(122)
14 nx.draw(G, node_size=400, node_color='red', with_labels=True, font_
   weight='bold')
15 print("number of strongly connected components:", nx.number_strongly_
   connected_components(G))
```

```
1  number of strongly connected components: 1
2  edge F->D is deleted
3  number of strongly connected components: 3
```

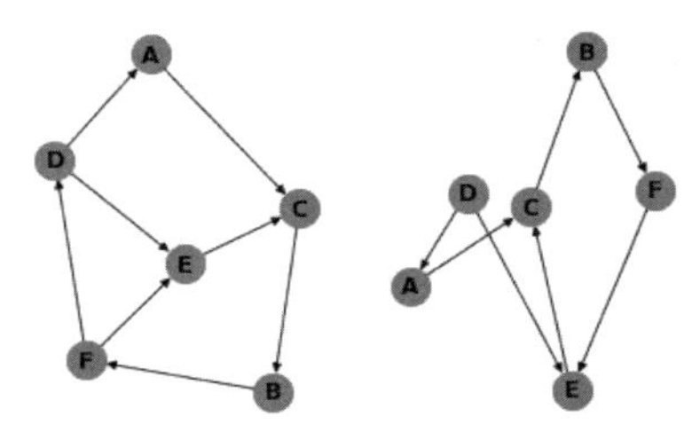

図 3.23 リスト 3.19 の出力結果

ある頂点Aから到達可能な頂点集合を「頂点Aの**out-component**」、逆に、頂点Aに到達可能な頂点集合を「頂点Aの**in-component**」と呼びます。図3.23において、頂点Aのout-componentは(C, B, F, E)、in-componentは(D)になります。

3.4.3 連結性

グラフにおける、ある2頂点間のパスの数を、**連結性**(connectivity)と呼びます。たとえば、道路網を表すグラフにおいては、異なるルートの本数を表すものです。この値が大きいほど、グラフの辺や頂点の除去に対して頑強であるといえます。

リスト3.20では、D→Eの辺を除去することによって、D-E間の連結性やパス長が変わる例を示しています。**図3.24**左がもとのグラフ、右がD→E辺を削除したものです。左のグラフでは、頂点DからEへのパスは「D→E」と「D→A→C→B→F→E」の2つがあります。最短パス長は1ですが、D→Eの辺を除いた右のグラフでは頂点DからEへのパスはD→A→C→B→F→Eの1つだけであり、最短パス長は5と表示されます。

リスト3.20　辺の除去によるパス長の変化

```
1  import networkx as nx
2  import numpy as np
3  import matplotlib.pyplot as plt
4  import numpy.linalg as LA
5  from pprint import pprint
6  G = nx.DiGraph()
7  G.add_nodes_from(["A", "B", "C", "D", "E", "F"])
8  G.add_edges_from([("A", "C"), ("C", "B"), ("B", "F"), ("F", "D"), ("F",
   "E"), ("D", "E"), ("E", "C"), ("D", "A")])
9  plt.subplot(121)
10 nx.draw(G, node_size=400, node_color='red', with_labels=True, font_
   weight='bold')
11 print("all paths from D to E")
```

```
12 for path in nx.all_simple_paths(G, "D", "E"):
13   print(path)
14 print("shortest path length from D to E:", nx.shortest_path_length(G,
   "D", "E"))
15 print("shortest path length from E to D:", nx.shortest_path_length(G,
   "E", "D"))
16 print("edge D->E is deleted")
17 G.remove_edges_from([("D", "E")])
18 plt.subplot(122)
19 nx.draw(G, node_size=400, node_color='red', with_labels=True, font_
   weight='bold')
20 print("all paths from D to E")
21 for path in nx.all_simple_paths(G, "D", "E"):
22   print(path)
23 print("shortest path length from D to E:", nx.shortest_path_length(G,
   "D", "E"))
24 print("shortest path length from E to D:", nx.shortest_path_length(G,
   "E", "D"))
```

```
1  all paths from D to E
2  ['D', 'E']
3  ['D', 'A', 'C', 'B', 'F', 'E']
4  shortest path length from D to E: 1
5  shortest path length from E to D: 4
6  edge D->E is deleted
7  all paths from D to E
8  ['D', 'A', 'C', 'B', 'F', 'E']
9  shortest path length from D to E: 5
10 shortest path length from E to D: 4
```

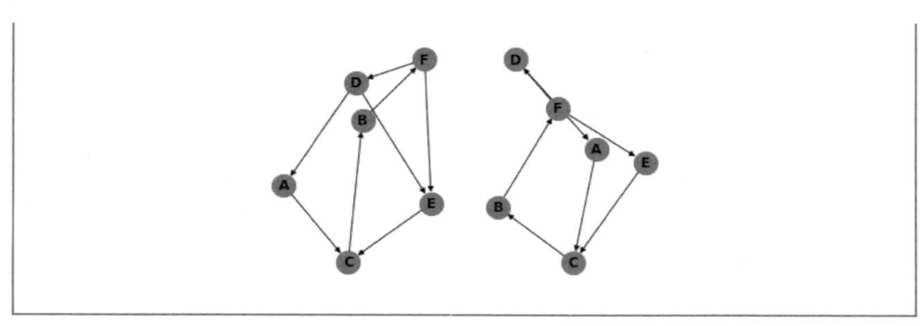

図 3.24　リスト 3.20 の出力結果

グラフの連結性の定義として、頂点の除去に対するものも考えられますが、**リスト 3.21** では辺の除去に対する連結性を考えます。

2 頂点間の**辺カット集合**（edge cut set）とは、集合内の辺を除去することで、その 2 頂点間が非連結になるような集合を指します。また、そのような集合で最小のものを、**最小カット**（minimum cut）と呼びます。さらに、最大流とは、（各辺の容量が同じ場合）2 頂点間のパスの数を指します。

最大流最小カットは、この両者が等しいことを示す定理であり、各辺の容量が異なっている場合でも成立します。

図 3.25 の左のグラフでは、頂点 A と B を非連結にするための最小カットは F-B と C-B であり、頂点 A と B の間の最大流も 2 であることが示されています。一方、辺 A-C を除去した右のグラフでは頂点 A と B の最小カットは A-D だけであり、頂点 A と B の間の最大流も 1 であることが示されています。

リスト 3.21　グラフの最大流・最小カット

```
1  import networkx as nx
2  import numpy as np
3  import matplotlib.pyplot as plt
4  import numpy.linalg as LA
5  from pprint import pprint
6  G = nx.Graph()
7  G.add_nodes_from(["A", "B", "C", "D", "E", "F"])
```

```
8  G.add_edges_from([("A", "C"), ("C", "B"), ("B", "F"), ("F", "D"), ("F",
   "E"), ("D", "E"), ("E", "C"), ("D", "A")], capacity=1.0)
9  capa=nx.get_edge_attributes(G, 'capacity')
10 print(capa)
11 plt.subplot(121)
12 nx.draw(G, node_size=400, node_color='red', with_labels=True, font_
   weight='bold')
13 cut_edges = nx.algorithms.connectivity.minimum_edge_cut(G, "A", "B")
14 print("cut size of A and B", cut_edges)
15 flow_value, flow_dict = nx.algorithms.flow.maximum_flow(G, "A", "B")
16 print("max flow of A and B", flow_value)
17 print("edge A-C is deleted")
18 G.remove_edges_from([("A", "C")])
19 plt.subplot(122)
20 nx.draw(G, node_size=400, node_color='red', with_labels=True, font_
   weight='bold')
21 cut_edges = nx.algorithms.connectivity.minimum_edge_cut(G, "A", "B")
22 print("cut size of A and B", cut_edges)
23 flow_value,flow_dict = nx.algorithms.flow.maximum_flow(G, "A", "B")
24 print("max flow of A and B", flow_value)
```

```
1  {('A', 'C'): 1.0, ('A', 'D'): 1.0, ('B', 'C'): 1.0, ('B', 'F'): 1.0,
   ('C', 'E'): 1.0, ('D', 'F'): 1.0, ('D', 'E'): 1.0, ('E', 'F'): 1.0}
2  cut size of A and B {('F', 'B'), ('C', 'B')}
3  max flow of A and B 2.0
4  edge A-C is deleted
5  cut size of A and B {('A', 'D')}
6  max flow of A and B 1.0
```

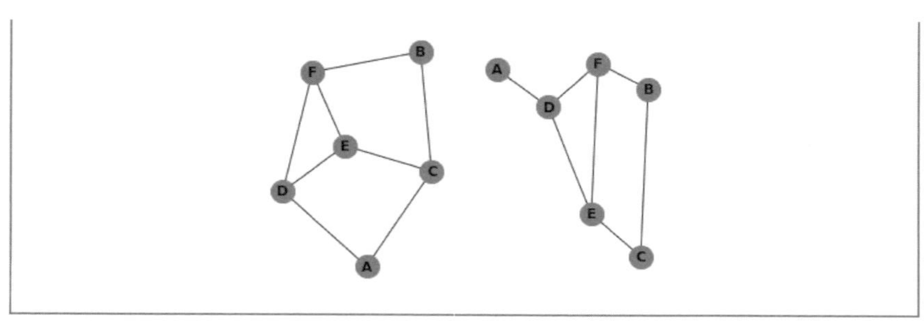

図 3.25　リスト 3.21 の出力結果

3.5 グラフラプラシアン

グラフラプラシアンとは、グラフの隣接行列をA、各頂点の次数を対角成分に持つ対角ベクトルをDとしたとき、$L = D - A$で求められる行列のことです。

グラフラプラシアンは多くの場面で用いられます。たとえば3.4節で述べたようにネットワークの連結性を調べる際に用いますし、他にも、ネットワークの分割の際に用いたりもします。各要素が1の長さnの列ベクトルに対して、$L \cdot 1 = 0 \cdot 1$であることから、任意のグラフのグラフラプラシアンは少なくとも1つの固有値0を持つことは、3.4.1項ですでに述べました。グラフラプラシアンのその他の性質について、以下で説明します。

グラフ$G = (V, E)$（$|V| = n, |E| = m$）の隣接行列をA、各頂点の次数を対角成分に持つ対角ベクトルをDとしたとき、グラフラプラシアンは$L = D - A$です。これは$n \times n$の対称行列であり、対角成分$L(i, i)$は頂点iの次数k_i、それ以外の成分$L(i, j)$は頂点iとjの間に辺があるときに-1、それ以外のときは0になります。

ここで、各行が辺、各列が頂点を表す辺接続行列Bを導入します。これは$m \times n$の行列であり、各成分は以下のように定義される行列です。Bの各行には+1と-1が1つずつあります。

$$B_{ij} = \begin{cases} +1 & :\text{辺}\,i\,\text{の一方の端点が頂点}\,j\,\text{であるとき} \\ -1 & :\text{辺}\,i\,\text{のもう一方の端点が頂点}\,j\,\text{であるとき} \\ 0 & :\text{それ以外のとき} \end{cases}$$

ここで、$i \neq j$のとき、$\Sigma_k B_{ki} B_{kj} = -1$、$i = j$のとき$\Sigma_k B_{ki}^2 = k_i$であることから、$\Sigma_k B_{ki} B_{kj} = L_{ij}$であり、行列で表現すると$L = B^T B$となります。

グラフラプラシアンのi番目の固有値と（長さ1に正規化した）固有ベクトルをそれぞれv_i、λ_iとすると、定義から$Lv_i = \lambda_i v_i$となります。これに$L = B^T B$を代入して、両辺の左からv_i^Tをかけると、$v_i^T B^T B v_i = v_i^T L v_i = \lambda_i v_i^T v_i = \lambda_i$となり、$\lambda_i = (v_i^T B^T)(B v_i) = (B v_i)^T (B v_i)$となります。これは実ベクトル$(B v_i)$自身との内積であることから、$\lambda_i \geq 0$です。

また、先に述べたように$L \cdot 1 = 0 = 0 \cdot 1$であるから、グラフラプラシアンは少なくとも1つの固有値0を持ち、$0 = \lambda_1 \leq \lambda_2 \leq \lambda_3 \leq \ldots \leq \lambda_n$となります。このことから、グラフラプラシアンの行列式は0となるため特異行列であり、逆行列を持ちません。

図3.25の左のグラフは連結成分が1つ、右のグラフは連結成分が2つです。それぞれのグラフのグラフラプラシアンの固有値が示されています。左のグラフでは固有値0が1つでそれ以外は正の値、右のグラフでは固有値0が2つでそれ以外は正の値であることがわかります。

リスト3.22 グラフラプラシアンと固有値

```
1  import networkx as nx
2  import numpy as np
3  import matplotlib.pyplot as plt
4  import numpy.linalg as LA
5  G = nx.Graph()
6  G.add_nodes_from(["A", "B", "C", "D", "E", "F"])
```

```
7  G.add_edges_from([("A", "B"), ("B", "C"), ("B", "D"), ("C", "D"), ("A",
   "E"), ("C", "E"), ("C", "F")])
8  plt.subplot(121)
9  nx.draw(G, node_size=400, node_color='red', with_labels=True, font_
   weight='bold')
10 print("number of connected components:", nx.number_connected_
   components(G))
11 L = nx.laplacian_matrix(G).todense()
12 print("Laplacian matrix L:")
13 print(L)
14 np.set_printoptions(formatter={'float': '{:.3f}'.format})
15 print("eigenvalues of L:", LA.eigvals(L))
16 print("some edges are deleted")
17 G.remove_edges_from([("B", "C"), ("B", "D"), ("C", "E")])
18 plt.subplot(122)
19 nx.draw(G, node_size=400, node_color='red', with_labels=True, font_
   weight='bold')
20 print("number of connected components:", nx.number_connected_
   components(G))
21 L = nx.laplacian_matrix(G).todense()
22 print("Laplacian matrix L:")
23 print(L)
24 print("eigenvalues of L:", LA.eigvals(L))
```

```
1  number of connected components: 1
2  Laplacian matrix L:
3  [[ 2 -1  0  0 -1  0]
4   [-1  3 -1 -1  0  0]
5   [ 0 -1  4 -1 -1 -1]
6   [ 0 -1 -1  2  0  0]
7   [-1  0 -1  0  2  0]
8   [ 0  0 -1  0  0  1]]
9  eigenvalues of L: [5.269 3.865 2.534 -0.000 0.882 1.451]
10 some edges are deleted
11 number of connected components: 2
12 Laplacian matrix L:
```

```
13 [[ 2 -1  0  0 -1  0]
14  [-1  1  0  0  0  0]
15  [ 0  0  2 -1  0 -1]
16  [ 0  0 -1  1  0  0]
17  [-1  0  0  0  1  0]
18  [ 0  0 -1  0  0  1]]
19 eigenvalues of L: [3.000 -0.000 1.000 3.000 1.000 -0.000]
```

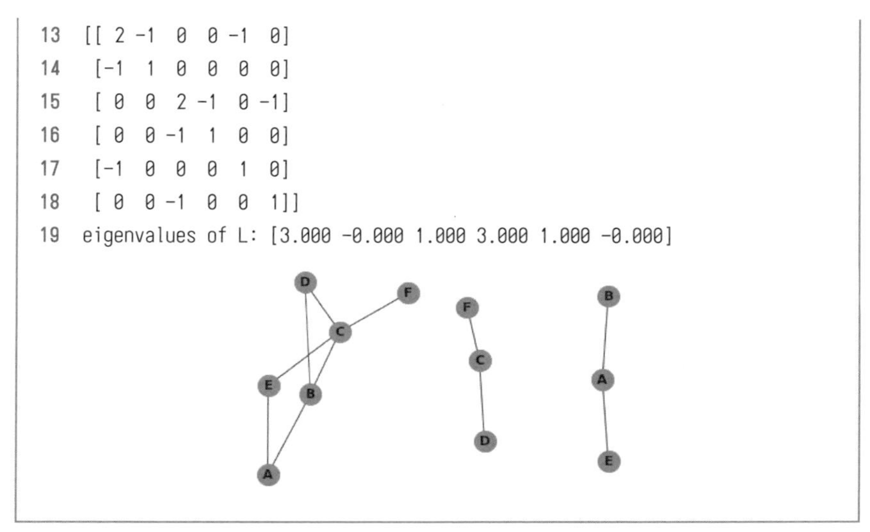

図 3.26 リスト 3.22 の出力結果

3.6 クラスタ係数

たとえば A さんと B さんが友人で、B さんと C さんが友人である場合、A さんと C さんも友人である、という状況はたびたび見られます。そのため、社会ネットワークにおいては、3 人がお互いに友人である（A-B-C-A）ような三角形（長さ 3 の閉路）を数多く含んでいることがたびたびあります。一方、木構造のように、閉路を含まないネットワークもあります。

クラスタ係数は「ある人の 2 人の友人が友人同士である割合」を表します。クラスタ係数には 2 種類の定義がありますが、まずは **local clustering coefficient** について述べます。

頂点 i の次数を k_i としたとき、頂点 i の友人のペアの総数は $\frac{k_i(k_i-1)}{2}$ あり、そのなかで、辺で結ばれたものの割合を、頂点iに関するクラスタ係数C_iと呼びます。

頂点iの隣接頂点間のつながり具合を表す指標として**redundancy**（R_i）があります。これは頂点iの隣接頂点について、頂点iの他の隣接頂点と辺でつながっているものの数の平均です。これを用いると、上記の「頂点iの友人ペアのなかで辺で結ばれたものの数」は$\frac{1}{2}k_iR_i$であることから、C_iは以下のように表すことができます。

$$C_i = \frac{\frac{1}{2}k_iR_i}{\frac{1}{2}k_i(k_i-1)} = \frac{R_i}{k_i-1}$$

C_iを、ネットワークのすべての頂点で平均をとった$C_{WS} = \frac{1}{n}\sum_i^n C_i$をネットワーク全体のクラスタ係数と呼びます。クラスタ係数は0から1の値をとります。

リスト3.23の例ではaverage_clusteringを用いて、完全グラフ、2部グラフ、ランダムグラフそれぞれのクラスタ係数を表示しています。完全グラフのクラスタ係数は1、2部グラフのクラスタ係数は0、ランダムグラフのクラスタ係数は（辺の密度によるものの）0から1の間の比較的小さい値をとります。2部グラフにおいては、長さ3の閉路が存在しないので、クラスタ係数が0になるのは明らかです。ランダムグラフでは、すべての辺はランダムに生成されるため（2頂点間の辺の生成確率pにもよりますが）、三角形が生成される確率は小さく、したがってクラスタ係数も比較的小さいです。

リスト3.23　完全グラフ、2部グラフ、ランダムグラフのクラスタ係数

```
1  import networkx as nx
2  import matplotlib.pyplot as plt
3
4  K_5 = nx.complete_graph(5)
5  plt.subplot(131)
6  nx.draw(K_5, node_size=400, node_color='red', with_labels=True, font_
   weight='bold')
```

```
7  K_3_5 = nx.complete_bipartite_graph(3, 5)
8  plt.subplot(132)
9  nx.draw(K_3_5, node_size=400, node_color='red', with_labels=True, font_
   weight='bold')
10 plt.subplot(133)
11 er = nx.erdos_renyi_graph(50, 0.15)
12 nx.draw(er, node_size=400, node_color='red', with_labels=True, font_
   weight='bold')
13
14 print("CC of complete graph", nx.clustering(K_5, 0))
15 print("CC of bipartite graph", nx.clustering(K_3_5, 0))
16 print("CC of random graph", nx.clustering(er, 0))
```

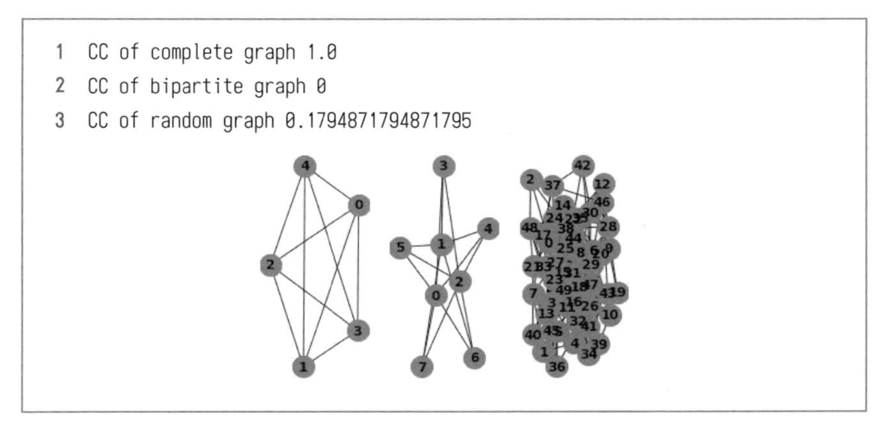

```
1 CC of complete graph 1.0
2 CC of bipartite graph 0
3 CC of random graph 0.1794871794871795
```


図 3.27　リスト 3.23 の出力結果

もう 1 つのクラスタ係数の定義は、各頂点に注目するのではなく、「ネットワーク全体における長さ 2 のパス$N^{(2)}$のなかで、そのパスが閉路となるものの割合」とするものです。三角形の個数をL_3とすると、3 頂点からなる三角形 1 つは、長さ 2 のパスで閉路となるもの 6 つに対応するので、$C = \frac{6 \cdot L_3}{|N^{(2)}|}$ となります。これは、先のクラスタ係数とは異なる定義であり、networkX では transitivity によって求めることができます。クラスタ係数について述べる際には、どちらの定義を用いているかを明確にすることが必要です。

3　7　次数相関

友人関係のネットワークにおいては、各々の頂点は自分と似ている頂点とつながることが多い傾向があります。どのような観点で「似ている」かについては、たとえば年齢や性別、趣味などの属性や、つながりの構造的な類似度などが考えられます。一般に、似た頂点がつながっているネットワークのことを **assortative**、反対に似ていない頂点がつながっているネットワークのことを **disassortative** と呼びます。

頂点の属性としては、性別や国籍などの**名義属性**（nominal attribute）や、年齢や収入などの**数値属性**（numeric attribute）などが考えられます。ここでは、属性として各頂点の次数を考えます。すなわち、次数の高い頂点同士が辺で結ばれるようなネットワークを assortative（次数相関が高い）、反対に次数が高い頂点が低い頂点と結ばれるようなネットワークを disassortative（次数相関が低い）と呼びます（**図 3.28**）。

●属性に基づく assortativity

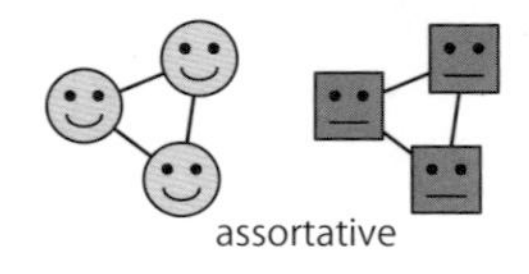

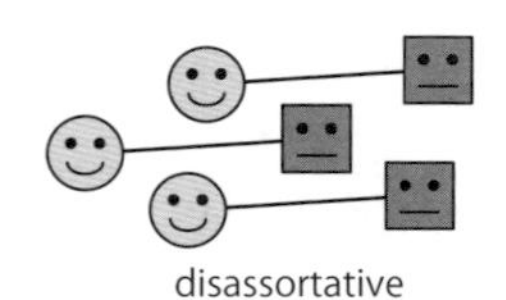

●次数に基づく assortativity

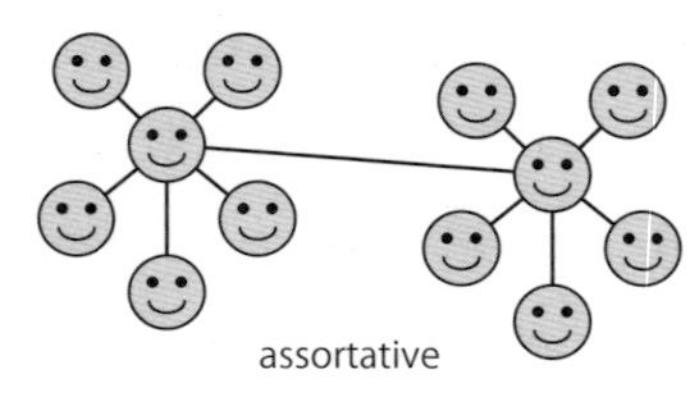

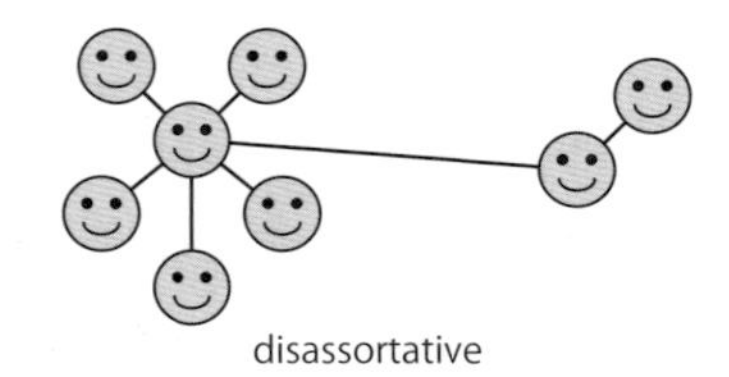

図 3.28　属性に基づく assortativity と次数に基づく assortativity

次のような共分散を計算しましょう。共分散は、平均からの偏差の積の平均値を計算します。ここでは、各頂点の次数の平均でなく、各辺の端点の次数平均をとります。

$$\mu = \frac{\sum_{ij} A_{ij} x_i}{\sum_{ij} A_{ij}} = \frac{\sum_i k_i x_i}{\sum_i k_i} = \frac{1}{2m} \sum_i k_i x_i$$

これは各頂点の次数平均とは異なることに注意してください。単に各頂点の次数平均であれば、$\frac{1}{2m} \sum_i x_i$ となります。k_i の項が加わっていることで、次数の大きい頂点が端点としてより多く現れることを意味しています。

頂点 i と頂点 j を結ぶ辺 (i, j) の次数の共分散は、以下のようになります。

$$cov(x_i, x_j) = \frac{\sum_{ij} A_{ij}(x_i - \mu)(x_j - \mu)}{\sum_{ij} A_{ij}} = \frac{1}{2m} \sum_{ij} A_{ij}(x_i x_j - \mu x_i - \mu x_j + \mu^2)$$

$$= \frac{1}{2m} \sum_{ij} A_{ij} x_i x_j - \mu^2 = \frac{1}{2m} \sum_{ij} A_{ij} x_i x_j - \frac{1}{(2m)^2} \sum_{ij} k_i k_j x_i x_j$$

$$= \frac{1}{2m} \sum_{ij} (A_{ij} - \frac{k_i k_j}{2m}) x_i x_j$$

assortative なネットワークでは正の値を取り、disassortative なネットワークでは負の値を取ります。すべての辺の端点が同じ次数の場合が最大となるので、以下の値で割って正規化します。

$$\frac{1}{2m} \sum_{ij} (A_{ij} x_i^2 - \frac{k_i k_j}{2m} x_i x_j) = \frac{1}{2m} \sum_{ij} (A_{ij} x_i^2 - \frac{k_i k_j}{2m} x_i x_j)$$

$$= \frac{1}{2m} \sum_{ij} (k_i \delta_{ij} - \frac{k_i k_j}{2m}) x_i x_j$$

その結果として、**assortativity coefficient**（ネットワーク次数相関の度合いを示す指標）を得ます。

$$r = \frac{\sum_{ij}(A_{ij} - \frac{k_i k_j}{2m})x_i x_j}{\sum_{ij}(k_i \delta_{ij} - \frac{k_i k_j}{2m})x_i x_j}$$

リスト 3.24 の例では、中央の頂点のみが他とつながる **star グラフ**、次数の大きい頂点ほど辺を得やすい **Barabasi-Albert グラフ**、2 つの完全グラフがつながった **barbell グラフ**の assortativity を示しています（**図 3.29**）。

リスト 3.24　star グラフ、Barabasi-Albert グラフ、barbell グラフの assortativity

```
1  import networkx as nx
2  import matplotlib.pyplot as plt
3  
4  star = nx.star_graph(10)
5  plt.subplot(131)
6  nx.draw(star, node_size=400, node_color='red', with_labels=True, font_
   weight='bold')
7  ba = nx.barabasi_albert_graph(10, 3)
8  plt.subplot(132)
9  nx.draw(ba, node_size=400, node_color='red', with_labels=True, font_
   weight='bold')
10 plt.subplot(133)
11 bg = nx.barbell_graph(5,0)
12 nx.draw(bg, node_size=400, node_color='red', with_labels=True, font_
   weight='bold')
13 
14 print("assortativity of star graph", '{:.3f}'.format(nx.degree_pearson_
   correlation_coefficient(star, 0)))
15 print("assortativity of Barabasi-Albert graph", '{:.3f}'.format(nx.
   degree_pearson_correlation_coefficient(ba, 0)))
16 print("assortativity of barbell graph", '{:.3f}'.format(nx.degree_pearson_
   correlation_coefficient(bg, 0)))
```

```
1  assortativity of star graph -1.000
2  assortativity of Barabasi-Albert graph -0.449
3  assortativity of barbell graph -0.050
```

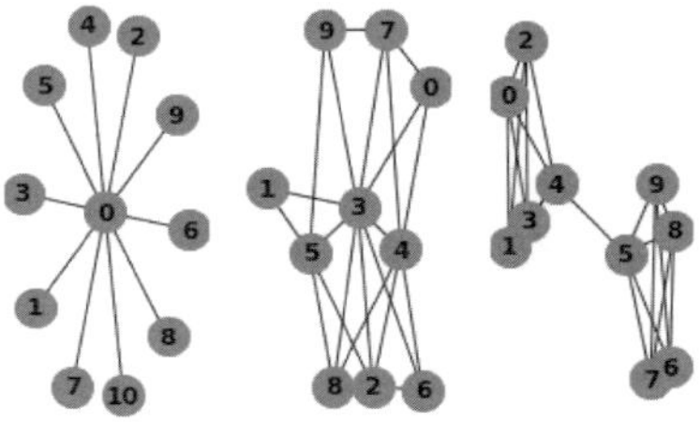

図 3.29　リスト 3.24 の出力結果

練習問題 3

(i) 頂点が 9 つのネットワークに含まれる三角形の最大数を求めなさい。

(ii) 複雑ネットワークにおける例として、非常によく用いられる **Zachary's karate club ネットワーク**（ある空手クラブの人間関係を示した実ネットワーク）に含まれる三角形の数を数えるプログラムを作りなさい。networkX では `G = nx.karate_club_graph()` によってこのネットワークを生成することができます。

(iii) 頂点数が非常に多いのに、三角形をまったく含まないネットワークの例を挙げなさい。

(iv) 頂点の数が n、辺の数が m のネットワークでの平均次数と密度を求めなさい。

(v) 辺を交差させずに平面上に描画することができないネットワークの例を挙げなさい。

中心を見つける
さまざまな中心性

ネットワークにおける中心的な頂点を見つけるという問題は、現実のさまざまな場面で見受けられます。たとえば、SNSにおける影響力の高い人を見つけたり、数多くあるWebサイトのなかから有用なものを選んだり、街のどこで火災が起こっても短時間で現場にたどりつける消防施設の場所を決めたりすることなどが考えられます。

本章では、さまざまな目的に応じて定義された中心性について説明します。

4-1 さまざまな中心性の定義

ネットワークにおける中心的な頂点を見つけたい、という状況はしばしばあります。与えられたネットワークの**中心性**について考えることは、各頂点の重要度や全体に対する影響力を考えたりするうえで、きわめて重要です。

たとえば、Twitterなどのソーシャルメディアでフォロワーの人数を競ったりするのは、それが多いほど周囲への影響力が高く、重要であると考えられているためです。この場合のフォロワー数は、中心性の指標の１つであるといえます。また、消防署の位置は、どこで火事が起こっても消防車が短時間で到達できるよう、管轄区域の中心に配置されることが望ましいものです。この場合、中心性は他の場所への到達可能性に基づいて考えられています。

ネットワーク内のすべての頂点間がつながっている完全グラフであれば、すべての頂点の中心性が等しいことは明らかです。また、ある頂点だけが他のすべての頂点とつながっているstarグラフであれば、そのすべてとつながっている頂点の中心性が他より高いといえます。それでは、一般のネットワーク構造においては、どのような頂点が中心的でしょうか。

中心性には、たとえば以下のようなさまざまな定義があります。

- 他の多くの頂点とつながっている頂点
- その頂点が欠けるとグラフがばらばらになるような頂点
- 多くの経路上に現れる頂点
- 他の頂点に短い距離で到達できる頂点

例として、**図4.1**（86ページ）のネットワークで考えてみましょう。

各頂点の次数に注目した次数中心性（degree centrality）では、頂点Cが最も中心的です。他の頂点への距離が短いものを中心的とする近接中心性（closeness centrality）では、頂点Gが最も中心的です。次数中心性で、なおかつ隣接頂点の中心性によって重みづけをした固有ベクトル中心性（eigenvector centrality）では、頂点 D が最も中心的です。2 頂点間のパス上に最も出現するものを中心的とする媒介中心性（betweenness centrality）では、頂点 H が最も中心的です。

図 4.1 を出力するプログラムである**リスト 4.1** では、ネットワークの各頂点の次数中心性・近接中心性・固有ベクトル中心性・媒介中心性を表示しています。11 行目の nx.degree_centrality(G).items() では、[('A', 0.1), ('B', 0.1)…] のように頂点の名前と中心性の値の組が得られるので、中心性の値で降順になるようソートしています。また中心性の表示の部分では、format で小数点以下が 3 桁になるようにして、見やすくしています。

リスト 4.1 次数中心性、近接中心性、固有ベクトル中心性、媒介中心性

```
1  import networkx as nx
2  import numpy as np
3  import matplotlib.pyplot as plt
4  
5  G = nx.Graph()
6  G.add_nodes_from(["A", "B", "C", "D", "E", "F", "G", "H", "I", "J", "K"])
7  G.add_edges_from([("A", "C"), ("B", "C"), ("C", "D"), ("C", "E"), ("D",
   "F"), ("D", "G"), ("E", "G"), ("F", "H"), ("G", "H"), ("H", "I"), ("I",
   "J"), ("I", "K")])
8  
9  nx.draw(G, node_size=400, node_color='red', with_labels=True, font_
   weight='bold')
10 print("degree centrality:")
11 for k, v in sorted(nx.degree_centrality(G).items(), key=lambda x: -x[1]):
12   print(str(k)+":"+"{:.3}".format(v)+" ", end="")
13 print("\n")
14 print("closeness centrality:")
15 for k, v in sorted(nx.closeness_centrality(G).items(), key=lambda x:
   -x[1]):
16   print(str(k)+":"+"{:.3}".format(v)+" ", end="")
17 print("\n")
```

```
18  print("eigenvector centrality:")
19  for k, v in sorted(nx.eigenvector_centrality(G).items(), key=lambda x:
    -x[1]):
20    print(str(k)+":"+"{:.3}".format(v)+" ", end="")
21  print("\n")
22  print("betweenness centrality:")
23  for k, v in sorted(nx.betweenness_centrality(G).items(), key=lambda x:
    -x[1]):
24    print(str(k)+":"+"{:.3}".format(v)+" ", end="")
```

```
1   degree centrality:
2   C:0.4 D:0.3 G:0.3 H:0.3 I:0.3 E:0.2 F:0.2 A:0.1 B:0.1 J:0.1 K:0.1
3
4   closeness centrality:
5   G:0.476 D:0.455 H:0.455 F:0.435 E:0.417 C:0.4 I:0.37 A:0.294 B:0.294
    J:0.278 K:0.278
6
7   eigenvector centrality:
8   D:0.447 G:0.435 C:0.42 H:0.36 E:0.328 F:0.309 I:0.196 A:0.161 B:0.161
    J:0.075 K:0.075
9
10  betweenness centrality:
11  H:0.485 C:0.396 I:0.378 G:0.337 D:0.304 F:0.133 E:0.122 A:0.0 B:0.0 J:0.0
    K:0.0
```

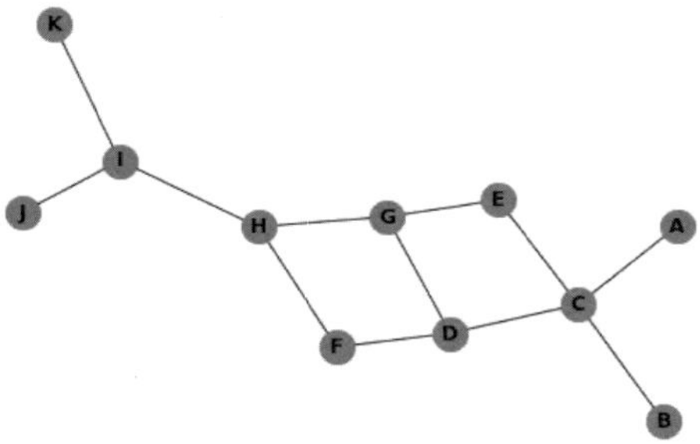

図 4.1　リスト 4.1 の出力結果

このように、中心性の定義によって、さまざまな頂点が中心的となり得ます。中心性の定義は、分析の用途に応じて、さまざまなものが提案されています。また、中心的な頂点は重要であると考えられることから、頂点を中心性の高い順に並べる**ランキング**についても、さまざまなものが提案されています。そのうちの代表的ないくつかのものについて、以下の各節で述べます。

4.2 次数中心性

次数中心性は「多くの頂点と隣接している頂点は中心的」とするものであり、頂点vの次数中心性は、その次数k_vで表されます。グラフ$G=(V,E)$の頂点数を$|V|=n$としたとき、すべての頂点の次数を表す次数ベクトル$\boldsymbol{k}$は、隣接行列Aと、各要素が1である列ベクトル$\mathbf{1}$を用いて、$\boldsymbol{k}=A\cdot\mathbf{1}$で表せます。

図4.1の例では、次数中心性で最大のものは次数4の頂点Cです。次数中心性は、たとえばTwitterでのフォロワー数に対応するものであり、単純でわかりやすい指標です。しかし、隣接する頂点をすべて同じ重みでカウントしてしまっています。

4.3 固有ベクトル中心性

先の次数中心性は、すべての辺を平等にカウントして次数を求めていますが、単に次数の高い頂点を中心的とするのでは、局所的な操作によって中心性をコントロールできてしまう可能性があります。たとえば、特定の頂点につながる新たなダミー頂点を大量に作るなどして、その特定の頂点の中心性を容易に高めることができてしまいます。

固有ベクトル中心性は、隣接する頂点の中心性も加味し、「他の中心的な頂点と隣接する頂点は中心的」とするものです。周囲の頂点の中心性 x_j から計算される x_i' は

$$x_i' = \sum_j A_{ij} x_j$$

であり、列ベクトルと行列の積で表すと

$$x' = A \cdot x$$

となります。

初期ベクトルを適切に設定したうえで、このような反復計算を繰り返すと、列ベクトル x は最終的に A の最大固有値に対応する固有ベクトル（**主固有ベクトル**）に収束します（$Ax = \lambda x$）。得られた列ベクトル x の i 番目の成分が頂点 i の固有ベクトル中心性です。ただし、初期ベクトルが 0 ベクトルであったり、他の固有ベクトルの定数倍であったり、主固有ベクトルに直交していたりする場合は、この限りではありません。固有ベクトル中心性の算出において、収束に必要な反復計算の回数は、ネットワークの頂点数に比較して非常に少ないことが知られています。

一般に、行列の固有ベクトルは複数あります。上記のような反復計算で主固有ベクトルに収束することは、以下のように証明できます。

初期ベクトル x_0 を固有ベクトル v_i の線形結合として

$$x(0) = \sum_i c_i v_i$$

と表現します。これに隣接行列 A を t 回掛けると

$$x(t) = A^t \sum_i c_i v_i = \sum_i c_i \lambda_i^t v_i = \lambda_1^t \sum_i c_i (\frac{\lambda_i}{\lambda_1})^t v_i$$

となります。ただし、λ_iは行列Aの固有値で、λ_1は最大の固有値です。$i \neq 1$のすべてのiについて$\frac{\lambda_i}{\lambda_1} < 1$なので、$t \to \infty$のとき$x(t) \to c_1 \lambda_1^t v_1$に収束します。

4 4 Katz 中心性

固有ベクトル中心性において、辺に向きがある有向グラフの場合に、他のどの頂点からも辺が入ってこない（入次数が 0 の）頂点は、その中心性が 0 になってしまい、さらにそのような頂点からしか辺が入ってこない頂点の中心性も 0 になってしまうという問題点があります。

Katz 中心性は、「固有ベクトル中心性に加えて、すべての頂点に一定量の中心性を与えたもの」です。これによって上記の中心性 0 の問題を回避しています。具体的には、2 つのパラメータαとβを導入して、頂点iの中心性x_iを

$$x_i = \alpha \sum_j A_{ij} x_j + \beta$$

とします。αの値が 0 ならばすべての頂点の中心性が等しくなり、βの値が 0 ならば固有ベクトル中心性と同じになります。列ベクトルと行列の積で表すと$x' = \alpha A x + \beta \mathbf{1}$となります。ここで **1** は、$n$個の要素が全て 1 の列ベクトルです。

4-5 PageRank

Katz 中心性にも問題点があります。中心性の高い頂点が 1 つあると、それに隣接する頂点の中心性もすべて高くなってしまいます。

これを解決するアプローチとして、頂点iの中心性を計算する際に、隣接する頂点jの中心性を単純に足すのでなく、その頂点の次数k_jで割ったものを足すことにします。式で表すと、頂点iの中心性x_iを

$$x_i = \alpha \sum_j A_{ij} \frac{x_j}{k_j} + \beta$$

で計算するということです。

列ベクトルと行列の積で表すと$\mathbf{x} = \alpha AD^{-1}\mathbf{x} + \beta\mathbf{1}$となります。ここで$D^{-1}$は各頂点の次数の逆数$\frac{1}{k_i}$を対角成分に持つ$n \times n$正方行列、$\mathbf{1}$は$n$個の要素がすべて 1 の列ベクトルです。

この中心性は Google の共同創業者の Larry Page らによって考案されたものであり、**PageRank** と呼ばれます。PageRank は、Google の初期の検索エンジンにおいて、ハイパーリンクで結ばれた Web ページのネットワークのなかから中心的なページを選ぶためのランキングアルゴリズムとして使用されていたとされています。

4-6 媒介中心性

これまでの中心性とはまったく別の定義として、「2 頂点間を結ぶ経路上にしばしば現れる頂点を中心的」とする考えかたがあります。n^i_{st}を頂点sとtを結ぶ

パスが頂点iを通るときに1、そうでないときに0となるとしたとき、頂点iの**媒介中心性**x_iは$x_i = \sum_{st} n_{st}^i$と表すことができます。

次数が小さい頂点であっても、媒介中心性が大きい場合があります。たとえば2つのグループとその間を結ぶブリッジから構成されるネットワークにおいては、一方のグループから他方のグループへのパスがすべてそのブリッジを経由するため、そのブリッジ上の頂点の媒介中心性は高くなります。

媒介中心性の性質として、値の取り得る範囲が広く、頂点のランキングをする際に明確な差をつけやすいことが挙げられます。1つの頂点が残りの$n-1$個の各頂点への辺でつながっているネットワーク（starグラフ）においては、中心の頂点の媒介中心性がn^2-n+1であり、それ以外の頂点の媒介中心性は$2n-1$となります。両者の比はおよそ$\frac{1}{2}$であり、大きなnのときは値の取り得る範囲が広くなります。

4 7 近接中心性

本章冒頭で触れたとおり、街の消防署を設置する場所を決める場合、どの地点へも比較的短時間で到達可能な場所に設置することが望ましいといえます。**近接中心性**は、「ネットワークの他の頂点との平均距離が短い頂点を中心的」とするものです。

頂点iと頂点jの間の距離をd_{ij}とすると、$l_i = \frac{1}{n}\sum_j d_{ij}$が頂点$i$の近接中心性です。これまでの中心性とは違い、近接中心性は値が小さいものの方がより中心的となります。したがって、l_iの逆数$\frac{1}{l_i} = \frac{n}{\sum_j d_{ij}}$や、$d_{ij}$の逆数の平均$\frac{1}{n}\sum_j \frac{1}{d_{ij}}$を考えて、これが大きいものを中心的と考えることもできます。非連結のネットワークにおいては$d_{ij} = \infty$となる頂点iとjが存在しますが、後者の近接中心性の定義であれば$\frac{1}{\infty} = 0$とすることでそのような非連結のネットワークに対しても適用できます。

近接中心性は値の取り得る範囲が狭いため、頂点のランキングをする際に明確な差をつけにくいことが知られています。

たとえば4100万以上の頂点からなるTwitterネットワーク†7において、その直径（2頂点間の距離の最大値）は23であり、また近接中心性は正数であることから、4100万以上のすべての頂点の近接中心性が0から23の範囲の値を取ることになります。

4.8 中心性の比較

表4.1 代表的な中心性

名　称	定　義	考えられる用途	問題点
次数中心性 degree centrality	多くの頂点と隣接している頂点が中心的	Twitterなどの SNSでのフォロワー数	局所的な操作によって中心性をコントロールできる
固有ベクトル中心性 eigenvector centrality	他の中心的な頂点と隣接する頂点が中心的	隣接する頂点の中心性をも加味した中心性を求める	有向グラフで入次数が0の頂点は中心性が0になる
PageRank	（次数が少ない）他の中心的な頂点と隣接する頂点が中心的	検索キーワードに対して適切なWebページをランキングする	適切なパラメータ値の設定が必要
媒介中心性 betweenness centrality	2頂点間を結ぶ経路上にしばしば現れる頂点が中心的	グループ間をつなぐブリッジを見つける	次数が小さい頂点でも高い中心性となることがある
近接中心性 closeness centrality	他の頂点との平均距離が短い頂点が中心的	消防署の適切な場所を決める	値の範囲が狭く、頂点のランキングをする際に明確な差をつけにくい

†7 http://konect.uni-koblenz.de/networks/twitter

ネットワークの中心性は、たとえばネットワーク上での情報伝搬や、一部の頂点の欠損に対する頑強性などを考えるうえで、非常に重要な役割を果たします。次数中心性については局所的な情報から求めることができますが、他の中心性の多くはネットワーク全体の情報を必要とすることから、大規模なネットワークにおいては、多くの場合、計算に時間がかかります。そのため、スーパーコンピュータなどを使って高速に計算する手法の研究や、現実的な時間で近似解を求める研究などがなされています。

リスト 4.2 では、NetworkX で用意された関数を用いて、本章で述べた次数中心性・固有ベクトル中心性・Katz 中心性・PageRank・媒介中心性・近接中心性を計算しています。networkX ではそれぞれ、degree_centrality・eigenvector_centrality・katz_centrality・pagerank・betweenness_centrality・closeness_centrality によって求めることができます。

対象としたデータ Zachary's karate club は、大学での空手クラブのメンバー間の友人関係を表す社会ネットワークです。研究対象として観察している過程でクラブの管理者の派閥と指導者の派閥に分裂したことから、ネットワーク分析の対象としてよく用いられます。Zachary's karate club の頂点数は 34、辺数は 78 です。実行結果からわかるように、頂点 0 や頂点 33 が多くの中心性で最大となっており、この 2 つの頂点がクラブの管理者と指導者に対応しています。

リスト 4.2 Zachary's karate club ネットワークの中心性

```
1  mport networkx as nx
2  import matplotlib.pyplot as plt
3  import numpy as np
4
5  G = nx.karate_club_graph()
6  plt.figure(figsize=(5, 5))
7  nx.draw_spring(G, node_size=400, node_color='red', with_labels=True,
   font_weight='bold')
8  v = list(nx.degree_centrality(G).values())
```

```
 9 s = ("      degree centrality: "+', '.join(['%.2f']*len(v))) % tuple(v)
10 print(s, "max:", np.argmax(v))
11 
12 v = list(nx.betweenness_centrality(G).values())
13 s = ("betweenness centrality: "+', '.join(['%.2f']*len(v))) % tuple(v)
14 print(s, "max:", np.argmax(v))
15 
16 v = list(nx.closeness_centrality(G).values())
17 s = ("  closeness centrality: "+', '.join(['%.2f']*len(v))) % tuple(v)
18 print(s, "max:", np.argmax(v))
19 
20 v = list(nx.eigenvector_centrality(G).values())
21 s = ("eigenvector centrality: "+', '.join(['%.2f']*len(v))) % tuple(v)
22 print(s, "max:", np.argmax(v))
23 
24 v = list(nx.pagerank(G).values())
25 s = ("   PageRank centrality: "+', '.join(['%.2f']*len(v))) % tuple(v)
26 print(s, "max:", np.argmax(v))
27 
28 v = list(nx.katz_centrality(G).values())
29 s = ("       Katz centrality: "+', '.join(['%.2f']*len(v))) % tuple(v)
30 print(s, "max:", np.argmax(v))
```

```
1      degree centrality: 0.48, 0.27, 0.30, 0.18, 0.09, 0.12, 0.12, 0.12,
  0.15, 0.06, 0.09, 0.03, 0.06, 0.15, 0.06, 0.06, 0.06, 0.06, 0.06, 0.09,
  0.06, 0.06, 0.06, 0.15, 0.09, 0.09, 0.06, 0.12, 0.09, 0.12, 0.12, 0.18,
  0.36, 0.52 max: 33
2 betweenness centrality: 0.44, 0.05, 0.14, 0.01, 0.00, 0.03, 0.03, 0.00,
  0.06, 0.00, 0.00, 0.00, 0.00, 0.05, 0.00, 0.00, 0.00, 0.00, 0.00, 0.03,
  0.00, 0.00, 0.00, 0.02, 0.00, 0.00, 0.00, 0.02, 0.00, 0.00, 0.01, 0.14,
  0.15, 0.30 max: 0
3   closeness centrality: 0.57, 0.49, 0.56, 0.46, 0.38, 0.38, 0.38, 0.44,
  0.52, 0.43, 0.38, 0.37, 0.37, 0.52, 0.37, 0.37, 0.28, 0.38, 0.37, 0.50,
  0.37, 0.38, 0.37, 0.39, 0.38, 0.38, 0.36, 0.46, 0.45, 0.38, 0.46, 0.54,
  0.52, 0.55 max: 0
```

```
4 eigenvector centrality: 0.36, 0.27, 0.32, 0.21, 0.08, 0.08, 0.08, 0.17,
  0.23, 0.10, 0.08, 0.05, 0.08, 0.23, 0.10, 0.10, 0.02, 0.09, 0.10, 0.15,
  0.10, 0.09, 0.10, 0.15, 0.06, 0.06, 0.08, 0.13, 0.13, 0.13, 0.17, 0.19,
  0.31, 0.37 max: 33
5    PageRank centrality: 0.10, 0.05, 0.06, 0.04, 0.02, 0.03, 0.03, 0.02,
  0.03, 0.01, 0.02, 0.01, 0.01, 0.03, 0.01, 0.01, 0.02, 0.01, 0.01, 0.02,
  0.01, 0.01, 0.01, 0.03, 0.02, 0.02, 0.02, 0.03, 0.02, 0.03, 0.02, 0.04,
  0.07, 0.10 max: 33
6        Katz centrality: 0.32, 0.24, 0.27, 0.19, 0.12, 0.13, 0.13, 0.17,
  0.20, 0.12, 0.12, 0.10, 0.12, 0.20, 0.13, 0.13, 0.09, 0.12, 0.13, 0.15,
  0.13, 0.12, 0.13, 0.17, 0.11, 0.11, 0.11, 0.15, 0.14, 0.15, 0.17, 0.19,
  0.28, 0.33 max: 33
```

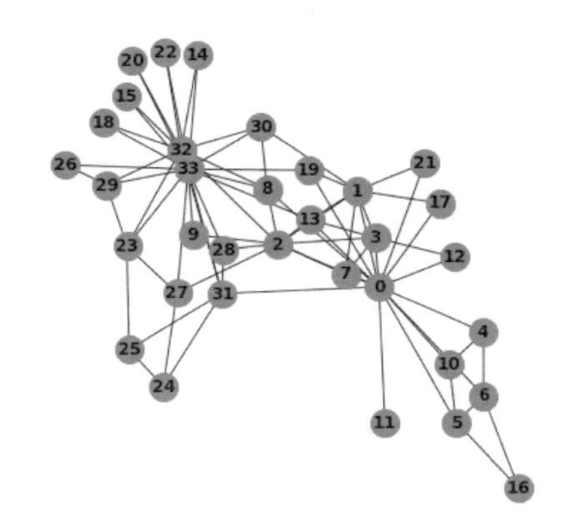

図 4.2 リスト 4.2 の出力結果

練習問題 4

以下のような目的に適した中心性はどれか答えなさい。

(i)　市町村の道路網から、消防署の場所を決める

(ii) 病気の感染を防ぐワクチンを打つ人を決める

(iii) ランダムに歩き回る人が最も訪れる場所を決める

経路を見つける
ネットワークの探索

ネットワークを対象としたアルゴリズムにはさまざまなものがあり、そのすべてを網羅することは到底不可能です。

本章では、ごく基本的な例として以下のアルゴリズムを紹介します。

- 幅優先探索
- 深さ優先探索
- ダイクストラのアルゴリズム
- 最大流最小カット

5 1 幅優先探索と深さ優先探索

たとえば、「鉄道網において目的地までの最短経路を見つける」など、ネットワーク上で経路を探す場面は数多く存在します。大規模なネットワークにおいて、人手で経路を見つけることは必ずしも容易ではありません。ネットワークのアルゴリズムのなかで、経路探索は基本的なものの1つです。

ネットワーク $G = (V, E)$ と2頂点 v_s と v_t が与えられて、v_s から v_t への経路を探索することを考えましょう。**幅優先探索**（BFS：breadth first search）は、v_s に隣接する距離1の頂点をすべて探し、次に（それらの頂点に隣接する）距離2のすべての頂点、さらに距離3のすべての頂点という順で探索していく手法です（**図5.1**）。

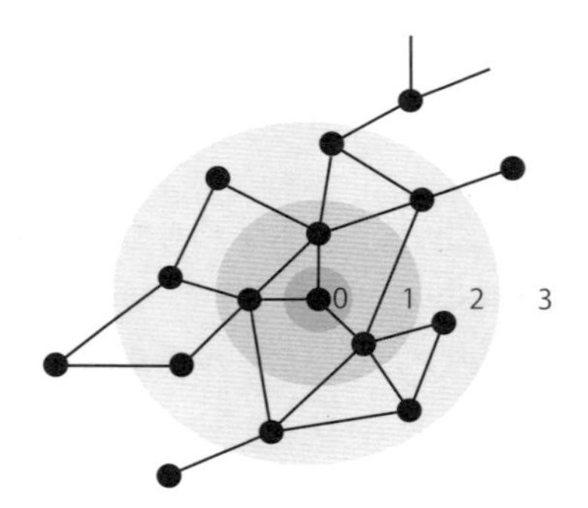

図5.1 幅優先探索

リスト5.1 では、前章で用いたZachary's karate clubネットワークにおける、頂点0からの幅優先探索の例を示します。

NetworkXの関数bfs_edgesでは、引数として、対象ネットワーク（ここではG）・探索開始点（source）・探索の深さの上限（depth_limit）を与えることができます。深さの上限が n の場合に探索した辺と、$n-1$ の場合に探索した辺の差を求めることで、距離 n の頂点につながる辺だけを得ることができます。

深さ 4 以降が空であることから、このネットワークの頂点 0 からは距離 3 までで他のすべての頂点に到達できることがわかります（**図 5.2**）。

リスト 5.1　Zachary's karate club ネットワークでの幅優先探索

```
1  import networkx as nx
2  import matplotlib.pyplot as plt
3  
4  G = nx.karate_club_graph()
5  plt.figure(figsize=(5, 5))
6  nx.draw_spring(G, node_size=400, node_color="red", with_labels=True,
   font_weight='bold')
7  print("BFS:", list(nx.bfs_edges(G, source=0)))
8  
9  d1 = list(nx.bfs_edges(G, source=0, depth_limit=1))
10 print("depth 1:", d1)
11 d2 = list(nx.bfs_edges(G, source=0, depth_limit=2))
12 print("depth 2:", list(set(d2)-set(d1)))
13 d3 = list(nx.bfs_edges(G, source=0, depth_limit=3))
14 print("depth 3:", list(set(d3)-set(d2)))
15 d4 = list(nx.bfs_edges(G, source=0, depth_limit=4))
16 print("depth 4:", list(set(d4)-set(d3)))
17 d5 = list(nx.bfs_edges(G, source=0, depth_limit=5))
18 print("depth 5:", list(set(d5)-set(d4)))
```

```
1  BFS: [(0, 1), (0, 2), (0, 3), (0, 4), (0, 5), (0, 6), (0, 7), (0, 8), (0,
   10), (0, 11), (0, 12), (0, 13), (0, 17), (0, 19), (0, 21), (0, 31), (1,
   30), (2, 9), (2, 27), (2, 28), (2, 32), (5, 16), (8, 33), (31, 24), (31,
   25), (27, 23), (32, 14), (32, 15), (32, 18), (32, 20), (32, 22), (32,
   29), (33, 26)]
2  depth 1: [(0, 1), (0, 2), (0, 3), (0, 4), (0, 5), (0, 6), (0, 7), (0, 8),
   (0, 10), (0, 11), (0, 12), (0, 13), (0, 17), (0, 19), (0, 21), (0, 31)]
3  depth 2: [(1, 30), (2, 28), (2, 9), (5, 16), (8, 33), (2, 32), (31, 24),
   (31, 25), (2, 27)]
```

```
4  depth 3: [(27, 23), (32, 22), (32, 15), (32, 20), (33, 26), (32, 14),
   (32, 18), (32, 29)]
5  depth 4: []
6  depth 5: []
```

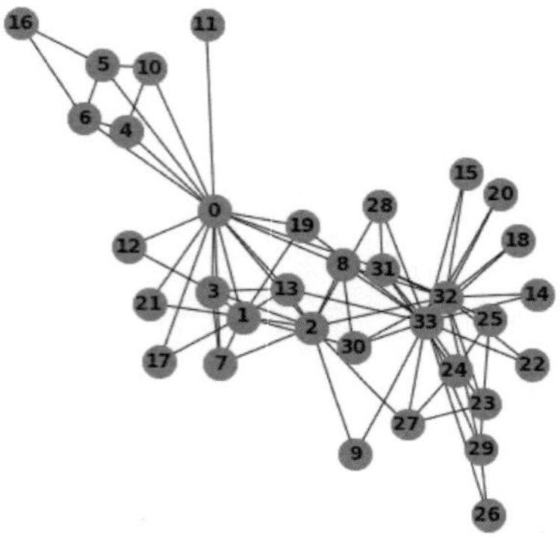

図 5.2　リスト 5.1 の出力結果

幅優先探索で、開始頂点からの距離に応じて頂点の色を変えたものがリスト **5.2** です。10 行目によって開始頂点を頂点 0 に指定し、頂点 0 から距離 1 のものをグレー、距離 2 のものをライトグレー、距離 3 のものを白で表示しています（**図 5.3**）。

リスト 5.2　幅優先探索の距離に応じた可視化

```
1  import networkx as nx
2  import matplotlib.pyplot as plt
3
4  G = nx.karate_club_graph()
5  known = [0] * nx.number_of_nodes(G)
6  dist = [-1] * nx.number_of_nodes(G)
7  colors = ['red', 'gray', 'lightgray', 'white']
8  color_map = ['black'] * nx.number_of_nodes(G)
9
10 start = 0
```

```
11  dist[start] = 0
12  color_map[start] = colors[dist[start]]
13  known[start] = 1
14
15  d = 0
16  while sum(known) != nx.number_of_nodes(G) :
17    for n in nx.nodes(G) :
18      if nx.shortest_path_length(G, start, n) == d :
19        for nb in G.neighbors(n) :
20          if known[nb] != 1 :
21            dist[nb] = d + 1
22            color_map[nb] = colors[dist[nb]]
23            known[nb] = 1
24    d = d + 1
25
26  print(dist)
27  plt.figure(figsize=(5, 5))
28  nx.draw_spring(G, node_size=400, node_color=color_map, with_labels=True,
    font_weight='bold')
```

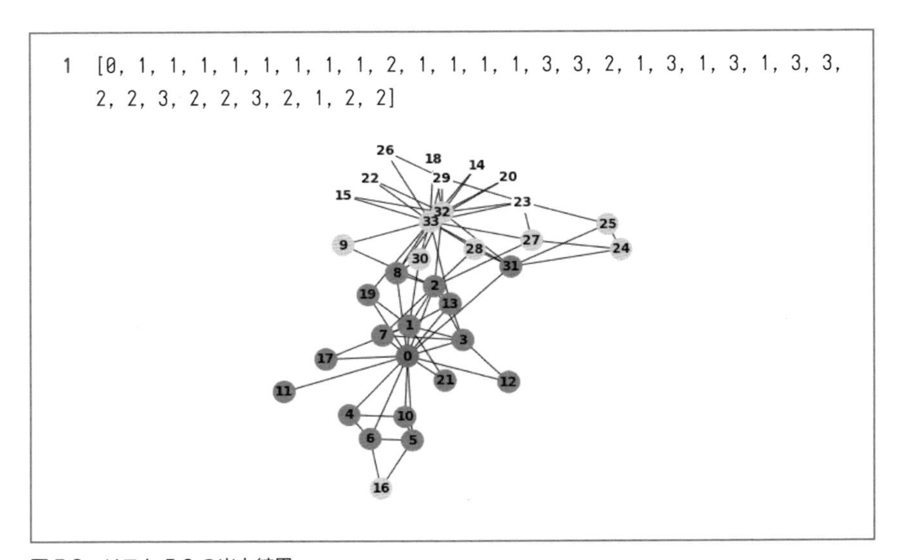

```
1  [0, 1, 1, 1, 1, 1, 1, 1, 1, 2, 1, 1, 1, 1, 3, 3, 2, 1, 3, 1, 3, 1, 3, 3,
   2, 2, 3, 2, 2, 3, 2, 1, 2, 2]
```

図 5.3　リスト 5.2 の出力結果

深さ優先探索（DFS：depth first search）は、頂点v_sに隣接する距離1の頂点を1つ選び、それに隣接する距離2の頂点のなかからまだ訪れていない1つを選び、さらにその隣接する距離3の頂点のなかからまだ訪れていない1つを選び、という順で探索する手法です。

Zachary's karate clubにおける頂点0からの深さ優先探索の例を、**リスト5.3**に示します。実行結果は、頂点0から深さ優先探索を実施した際に通る辺のリストと、訪れた頂点のリストを示しており、それぞれdfs_edges、dfs_preorder_nodesによって求めています（**図5.4**）。頂点0から0→1→2→3→7と探索し、そこでバックトラックしてまた頂点3から3→12、3→13……と探索をしていることがわかります。

リスト5.3　Zachary's karate clubネットワークでの深さ優先探索

```
1  import networkx as nx
2  import matplotlib.pyplot as plt
3
4  G = nx.karate_club_graph()
5  plt.figure(figsize=(5, 5))
6  nx.draw_spring(G, node_size=400, node_color="red", with_labels=True,
   font_weight='bold')
7
8  print("DFS:", list(nx.dfs_edges(G, source=0)))
9  print("traversed nodes:", list(nx.dfs_preorder_nodes(G, source=0)))
```

```
1  DFS: [(0, 1), (1, 2), (2, 3), (3, 7), (3, 12), (3, 13), (13, 33), (33,
   8), (8, 30), (30, 32), (32, 14), (32, 15), (32, 18), (32, 20), (32, 22),
   (32, 23), (23, 25), (25, 24), (24, 27), (24, 31), (31, 28), (23, 29),
   (29, 26), (33, 9), (33, 19), (1, 17), (1, 21), (0, 4), (4, 6), (6, 5),
   (5, 10), (5, 16), (0, 11)]
2  traversed nodes: [0, 1, 2, 3, 7, 12, 13, 33, 8, 30, 32, 14, 15, 18, 20,
   22, 23, 25, 24, 27, 31, 28, 29, 26, 9, 19, 17, 21, 4, 6, 5, 10, 16, 11]
```

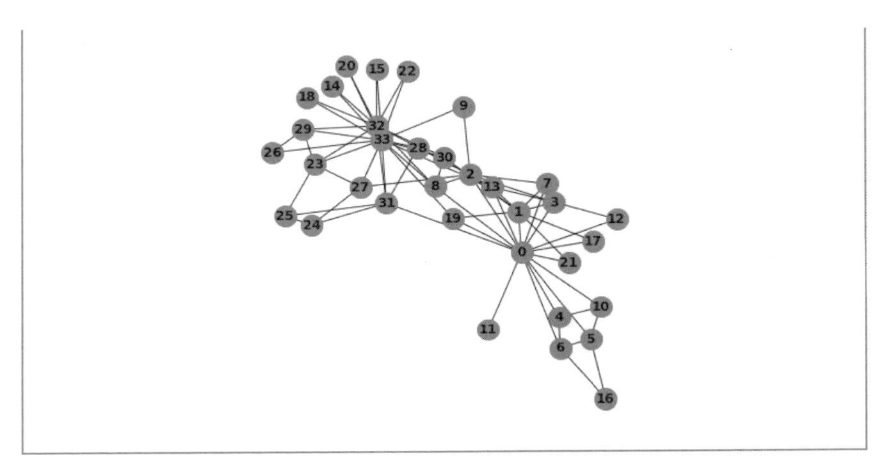

図 5.4 リスト 5.3 の出力結果

幅優先探索では、距離が短いものから順に探索するため、最初に見つかった経路が最短ですが、一般に実行時に多くのメモリを必要とします。一方、深さ優先探索では、少ないメモリで実行できますが、距離が短い経路が他にあるのに距離の長い経路を探索してしまう可能性があります。

5 2 ダイクストラのアルゴリズム

幅優先探索と深さ優先探索では、すべての辺の**距離**（**コスト**）を同じとしていましたが、そうでない場合もあります。たとえば、有料道路などが含まれた道路網においては、それぞれの辺のコストが同じではなく、多くの辺をたどってもコストが小さくなる場合があります（**図 5.5**）。

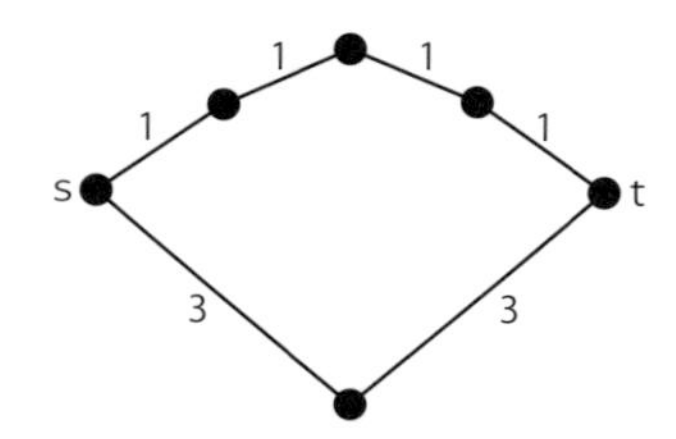

図 5.5　辺のコストが同一でないネットワーク

このように、辺のコストが異なる場合の最短経路探索には、**ダイクストラのアルゴリズム**（Dijkstra's algorithm）が用いられます。ダイクストラのアルゴリズムは、ネットワークと開始頂点が与えられたときに、各頂点への最短経路長を求めるものです。

ダイクストラのアルゴリズムの例を**リスト 5.4** に示します。ネットワーク中の各辺にはコストが与えられており、たとえば頂点 0 と頂点 1 の間のコストは 7 となっています（9 行目）。

ダイクストラのアルゴリズムでは、与えられたネットワークの頂点数がnのとき、各頂点への現時点での最短経路長の見積りを表す長さnの配列と、その見積りの確かさを表す長さnの配列の 2 つを保持します（**図 5.6**）。

n 個の頂点

					s			
最短経路長の見積もり	∞	∞	∞	∞	0	∞	∞	∞
その見積りの確かさ	0	0	0	0	0	0	0	0

図 5.6　ダイクストラのアルゴリズムで用いる配列

リスト 5.4　ダイクストラのアルゴリズム

```
1  import networkx as nx
2  import matplotlib.pyplot as plt
```

```
 3  import numpy as np
 4  import functools
 5  import operator
 6
 7  G = nx.Graph()
 8  G.add_nodes_from(range(0, 5))
 9  G.add_weighted_edges_from([(0, 1, 7), (0, 2, 9), (0, 5, 14), (1, 2, 10),
    (1, 3, 15), (2, 3, 11), (2, 5, 2), (3, 4, 6), (4, 5, 9)])
10
11  plt.figure(figsize=(5, 5))
12  pos = nx.spring_layout(G)
13  nx.draw_networkx_edges(G, pos)
14  nx.draw_networkx_nodes(G, pos)
15  nx.draw_networkx_edge_labels(G, pos, font_size=16, edge_labels={(u, v):
    d["weight"] for u, v, d in G.edges(data=True)})
16  nx.draw_networkx_labels(G, pos)
17  plt.axis('off')
18  plt.show()
19
20  dist_estimate = [999] * nx.number_of_nodes(G)
21  dist_certainty = [0] * nx.number_of_nodes(G)
22  dist_estimate[1] = 0
23
24  while functools.reduce(operator.mul, dist_certainty) == 0 :
25    print(dist_estimate)
26    print(dist_certainty)
27    min_v = 999
28    for n in nx.nodes(G) :
29      if (dist_certainty[n] == 0) and (dist_estimate[n] <= min_v) :
30        min_v = dist_estimate[n]
31        min_id = n
32    dist_certainty[min_id] = 1
33    for nb in G.neighbors(min_id) :
34      new_estimate = G[min_id][nb]['weight'] + dist_estimate[min_id]
35      if new_estimate < dist_estimate[nb] :
36        dist_estimate[nb] = new_estimate
37
```

```
38  print(dist_estimate)
39  print(dist_certainty)
```

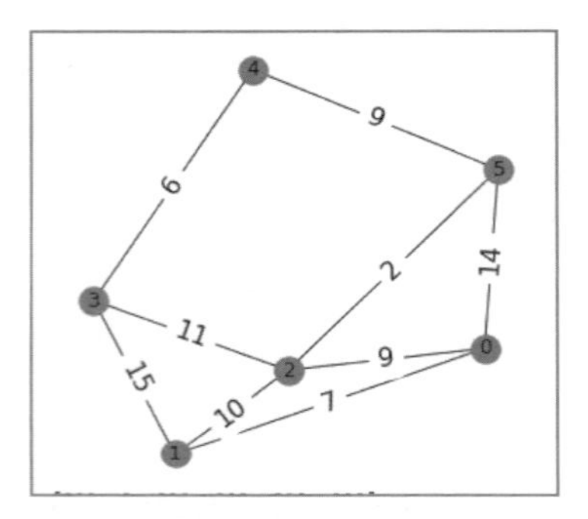

図 5.7　リスト 5.4 の出力結果

図 5.7 で、実際の出力結果を確認してください。初期状態においては、最短経路長見積もりはすべて非常に大きな正数で、その確かさはすべて 0（不確か）です。実行時には、経路長の見積もりの配列のなかで最短のものを確かな見積もりとみなして、その頂点を経由して隣接する頂点に至る経路の距離を計算します。そして、それがこれまでの最短経路長の見積もりよりも短ければその見積もりを更新する、という作業を繰り返します。実行中に配列 2 つがどのように変化するかが表示され、最終的には開始頂点（頂点 0）から各頂点への最短経路見積もりがすべて確かなものとなり、探索を終了します。

5 3 最大流最小カット

水道管や交通網のネットワークにおいて、それぞれの辺を通れる水量や交通量に上限が定められている状況を考えましょう。そのようなネットワークで、2 頂点間の最大の流量や、どの部分がボトルネックになるかを知ることは、ネットワーク上の移動物（たとえば水や車）をモデル化するうえで重要なことです。

各辺の流量が同一である場合、2 頂点間の最大の流量は、その 2 頂点間をつなぐ独立のパスの本数に比例します。しかし、単にそのようなパスを 1 本ずつ見つけるのでは、必ずしも最大の本数が得られない場合があります。たとえば**リスト 5.5** および**図 5.8** のようなネットワークにおいて、s と t との間をつなぐパスは「s → a → b → c → t」と「s → d → e → f → t」の 2 本がありますが、仮に最初のパスとして「s → a → b → c → d → e → f → t」を見つけてしまうと、残された辺で s から t へのパスを見出すことはできません。

リスト 5.5　2 頂点間の独立のパス

```
1  import networkx as nx
2  import matplotlib.pyplot as plt
3
4  G = nx.DiGraph()
5  G.add_edge('s','a')
6  G.add_edge('a','b')
7  G.add_edge('b','c')
8  G.add_edge('c','t')
9  G.add_edge('f','t')
10 G.add_edge('e','f')
11 G.add_edge('d','e')
12 G.add_edge('s','d')
13 G.add_edge('c','d')
14
15 plt.figure(figsize=(5, 5))
16 nx.draw_circular(G, node_size=400, node_color="red", with_labels=True,
   font_weight='bold')
```

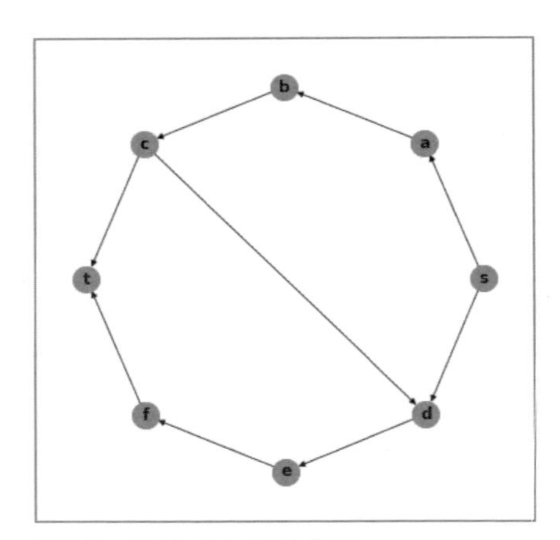

図 5.8　リスト 5.5 の出力結果

このような問題を避ける方法として、ネットワーク中の各辺（たとえば a-b）を 2 本の有向辺（a → b と b → a）のように置き換えて、そのうえで 2 頂点間のパスを求める **augmenting path algorithm** が提案されています。このアルゴリズムによって、2 頂点間の最大のパス数が求まるとともに、その 2 頂点間のパスをなくすために、取り外す最小の辺集合（**最小カット**）も求めることができます。

リスト 5.6 は、ネットワークとその 2 頂点（s と t）が与えられたときに、その 2 頂点間の最大流と最小カットを求めるものです。プログラムの前半では、各辺が容量を持つようなネットワークを生成して描画しています。後半では、まず 24 行目の maximum_flow 関数で s-t 間の最大流および各辺の流量を求めています。頂点集合を 2 分割したものをグラフ理論におけるカットと呼びます。分割した 2 つの頂点集合間の始点側から終点側への辺の重みの総和が最小となるものを最小カットと呼びます。

networkX では、minimum_cut で最小カットの値と、最小カットで s から到達可能な頂点集合と到達不可能な頂点集合を求めています。同時に、最小カットの辺集合も求めて、さらに最大流と最小カットの値が等しいことを示しています（**図 5.9**）。

リスト 5.6 最大流最小カット

```
1  import networkx as nx
2  import matplotlib.pyplot as plt
3  import numpy as np
4
5  G = nx.DiGraph()
6  G.add_edge('s','a', capacity=3.0)
7  G.add_edge('s','b', capacity=1.0)
8  G.add_edge('a','c', capacity=3.0)
9  G.add_edge('b','c', capacity=5.0)
10 G.add_edge('b','d', capacity=4.0)
11 G.add_edge('d','e', capacity=2.0)
12 G.add_edge('c','t', capacity=2.0)
13 G.add_edge('e','t', capacity=3.0)
14
15 plt.figure(figsize=(5, 5))
16 pos = nx.spring_layout(G)
17 nx.draw_networkx_edges(G, pos)
18 nx.draw_networkx_nodes(G, pos)
19 nx.draw_networkx_edge_labels(G, pos, font_size=16, edge_labels={(u, v):
   d["capacity"] for u, v, d in G.edges(data=True)})
20 nx.draw_networkx_labels(G, pos)
21 plt.axis('off')
22 plt.show()
23
24 flow_value, flow_dict = nx.maximum_flow(G, 's', 't')
25 print("flow value from s to t:", flow_value)
26 print("the value of flow through edge s-b:", flow_dict['s']['b'])
27 print("the value of flow through edge s-a:", flow_dict['s']['a'])
28
29 cut_value, partition = nx.minimum_cut(G, 's', 't')
30 reachable, non_reachable = partition
31 print("min cut value between s and t:", cut_value)
32 print("reachable nodes from s:", reachable)
33 print("unreachable nodes from s:", non_reachable)
34
```

```
35 cutset = set()
36 for u, nbrs in ((n, G[n]) for n in reachable):
37   cutset.update((u, v) for v in nbrs if v in non_reachable)
38 print("cut set:", sorted(cutset))
39 
40 print("min cut value == sum of cut set capacity?:", cut_value == sum(G[u]
   [v]['capacity'] for (u, v) in cutset))
```

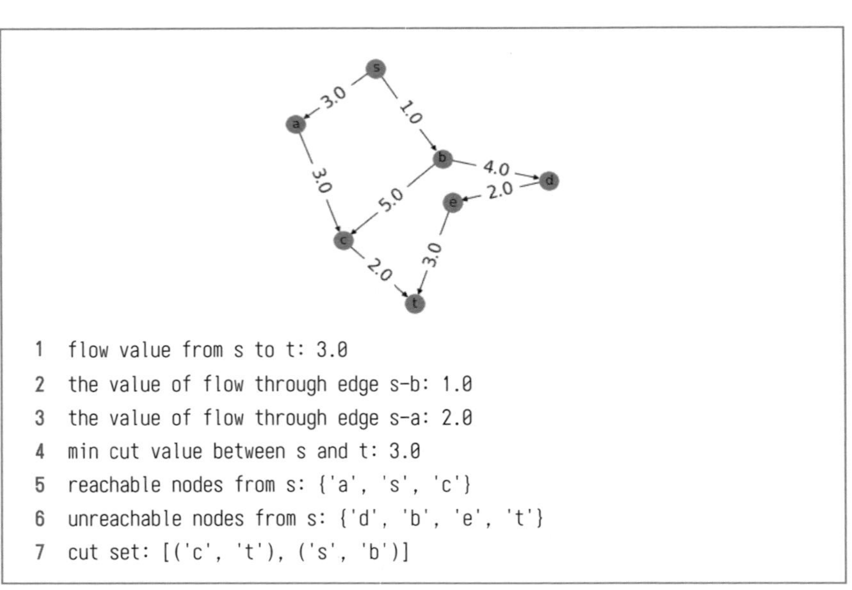


```
1 flow value from s to t: 3.0
2 the value of flow through edge s-b: 1.0
3 the value of flow through edge s-a: 2.0
4 min cut value between s and t: 3.0
5 reachable nodes from s: {'a', 's', 'c'}
6 unreachable nodes from s: {'d', 'b', 'e', 't'}
7 cut set: [('c', 't'), ('s', 'b')]
```

図5.9　リスト5.6の出力結果

ネットワークを対象としたアルゴリズムは非常に多岐に渡るため、この章だけではとてもカバーできるものではありません。アルゴリズムを本格的に学びたい方は、Donald.E. Knuth著「The Art of Computer Programming」を読むとよいでしょう。邦訳はASCIIから出版されています。4冊に渡る大作ですが、本格的に学びたい方には最適です。

練習問題 5

(i) 最短経路探索をするにあたり、幅優先探索でなくダイクストラのアルゴリズムを用いるのが適したネットワークはどのようなネットワークか答えなさい。

(ii) ダイクストラのアルゴリズムでは最短経路探索をすることができないネットワークはどのようなネットワークか答えなさい。

グループを見つける
分割と抽出

与えられたネットワークの辺の一部を切断して、同じくらいの大きさの部分に分けたり、大きさに関係なく辺が密な部分を抽出したりすることを考えます。

本章では、ネットワークを分割したり抽出したりするための基本的な手法を紹介します。

友人関係のネットワークでは、たびたび友人グループや派閥が形成されます。ネットワークからそのようなグループを見つけて、グループごとに分割したり抽出したりすることができれば、似た友人を推薦したり、ネットワーク全体の構造を把握したりすることに役立ちます。

一般に、ネットワークを分割する場合の数は非常に多いため、大規模なネットワークですべての可能な分割を調べることは現実的ではありません。また、どのような分割を望ましいと考えるかについてもさまざまな基準があり、これまでに非常に多くの研究がなされてきています。

大きなネットワークを分割するアプローチとして、おもに以下の2つが挙げられます。

(1) 分割数や分割後のサイズがあらかじめ与えられており、それに基づいて分割する
(2) そのような情報が与えられず、ネットワークの密な部分を抽出する

(1) を**ネットワーク分割**、(2) を**コミュニティ抽出**と呼びます。それぞれについて、以下の各節で説明します。

6-1 ネットワーク分割

分割数や分割後のサイズがあらかじめ与えられている際のアプローチを、ネットワーク分割と呼びます。

ネットワークを分割する際、望ましい基準は状況によって異なります。たとえば、大きなネットワークをいくつかの部分ネットワーク（グループ）に分割して、それぞれ別のプロセッサで並列処理するような場合、グループ内の結合が多く、グループ間の結合が少ないような分割が望ましいといえます。

「グループ間の結合を最小化する」というのは直観的にわかりやすい基準ではありますが、その条件だけでは、ネットワーク全体を1つのグループとするような自明な解になってしまいます。そのため、グループの大きさを同じにするなどの制約を導入すると、今度は計算量的に手に負えない問題となってしまいます。

頂点の数が数十程度の小規模なネットワークを2分割するという単純な設定であっても、分割の場合の数は頂点の数の指数関数となることから、すべての可能性を試すのは計算量的に非現実的です。したがって、多くの場合、なんらかのヒューリスティック[†8]なアプローチが用いられます。

それらの手法のうち、いくつかを紹介します。

6.1.1 Kernighan-Lin アルゴリズム

ネットワーク分割の基本的なアルゴリズムとして、**Kernighan-Lin アルゴリズム**があります。

Kernighan-Lin アルゴリズムでは、まず、与えられたネットワークを任意に2つのグループに分割した状態からスタートします。分割された各グループから頂点を1つずつ選び、その2頂点の所属グループを交換したときに、グループ間の辺の数が最も減少する（あるいは増加量が最小になる）ような2頂点を交換する、という処理を繰り返すことによって、グループ間の辺の数が少ない分割を得ます（**図 6.1**）。

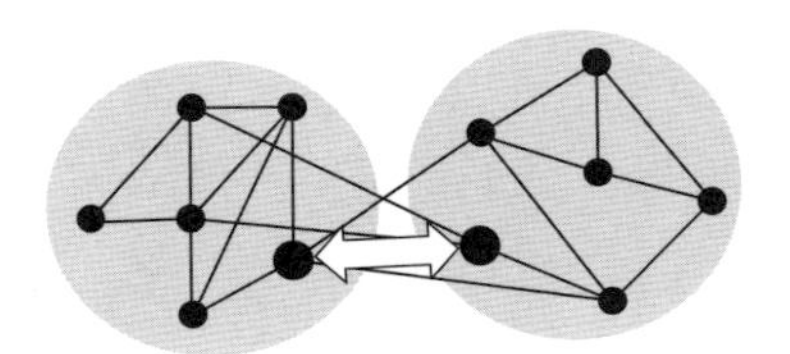
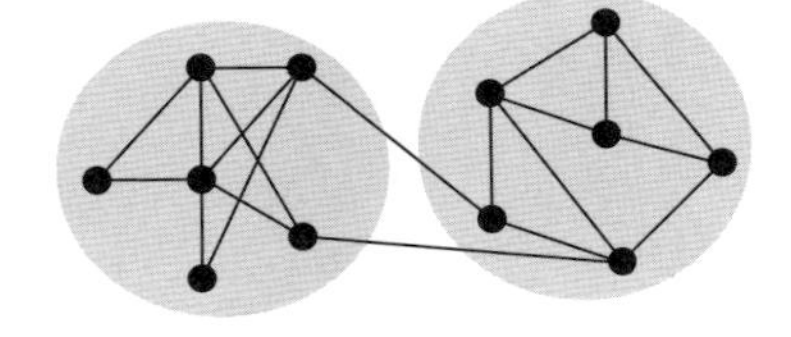

図 6.1 Kernighan-Lin アルゴリズム

†8 必ずうまくいくわけではないが、多くの場合において正解に近い解を得ることができる方法のこと。

リスト 6.1 では、Zachary's karate club ネットワークを Kernighan-Lin アルゴリズムによって 2 分割する様子を示しています。頂点集合を {0, ... , 16} と {17, ... , 33} の 2 つのグループに分割した初期状態からスタートして、それを赤と青で色分けしたネットワークを上側に描画しています。

次に Kernighan-Lin アルゴリズムでグループ間の頂点の交換を繰り返すことによって、グループ間の辺の数が少ない分割を得て、それを赤と青で色分けしたネットワークを下側に描画しています。プログラムでは、Kernighan-Lin アルゴリズムの初期状態と最終状態の両方を出力しています。

リスト 6.1　Kernighan-Lin アルゴリズムによるネットワーク分割

```
1  import networkx as nx
2  import matplotlib.pyplot as plt
3  import numpy as np
4  from networkx.algorithms.community import kernighan_lin_bisection
5
6  G = nx.karate_club_graph()
7  colors = ['red', 'blue', 'green']
8  pos = nx.spring_layout(G)
9
10 init_nodes = np.array_split(G.nodes(), 2)
11 init_partition = [set(init_nodes[0]), set(init_nodes[1])]
12 print(init_partition)
13
14 color_map_i = ['black'] * nx.number_of_nodes(G)
15 counter = 0
16 for c in init_partition :
17   for n in c :
18     color_map_i[n] = colors[counter]
19   counter = counter + 1
20 nx.draw_networkx_edges(G, pos)
21 nx.draw_networkx_nodes(G, pos, node_color=color_map_i)
22 nx.draw_networkx_labels(G, pos)
23 plt.axis('off')
24 plt.show()
```

```
25
26  lst_b = kernighan_lin_bisection(G, partition=init_partition)
27  color_map_b = ['black'] * nx.number_of_nodes(G)
28  counter = 0
29  for c in lst_b :
30    for n in c :
31      color_map_b[n] = colors[counter]
32    counter = counter + 1
33  nx.draw_networkx_edges(G, pos)
34  nx.draw_networkx_nodes(G, pos, node_color=color_map_b)
35  nx.draw_networkx_labels(G, pos)
36  plt.axis('off')
37  plt.show()
```

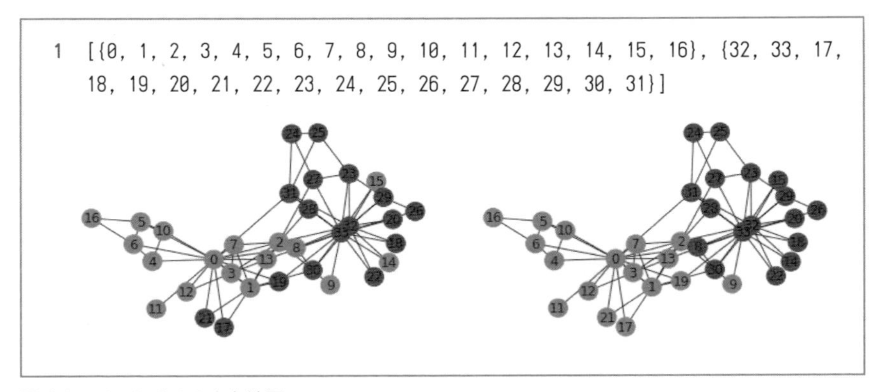

図 6.2 リスト 6.1 の出力結果

6.1.2 スペクトラル分割

スペクトラル分割は、切断する辺の数（**cut size**）を最小化するアプローチとして、隣接行列から計算される行列の固有ベクトルに基づいてネットワークを分割する手法です。

まず、与えられたネットワークをグループ 1 とグループ 2 に 2 分割することを考えます。その分割によって切断される辺の数をRとします。以下のような関数s_iを定義すると、$R = \sum_{s_i \neq s_j} A_{ij}$となります。

$$s_i = \begin{cases} +1 & \text{頂点 } i \text{ が group 1 に属するとき} \\ -1 & \text{頂点 } i \text{ が group 2 に属するとき} \end{cases}$$

ここで

$$\frac{1}{2}(1 - s_i s_j) = \begin{cases} 1 & \text{頂点 } i \text{ と } j \text{ が異なる group のとき} \\ 0 & \text{頂点 } i \text{ と } j \text{ が同じ group のとき} \end{cases}$$

であることから、$R = \frac{1}{4}\sum_{ij} A_{ij}(1 - s_i s_j)$と表せます。右辺の第一項はクロネッカーのデルタ（p.122 参照）を使って

$$\sum_{ij} A_{ij} = \sum_i k_i = \sum_i k_i s_i^2 = \sum_i k_i \delta_{ij} s_i s_j$$

と変形できるので

$$R = \frac{1}{4}\sum_{ij}(k_i \delta_{ij} - A_{ij}) s_i s_j = \frac{1}{4}\sum_{ij} L_{ij} s_i s_j$$

となり、行列で表すと$R = \frac{1}{4}\mathbf{s}^{\mathrm{T}}\mathbf{L}\mathbf{s}$ となります。

行列Lはグラフラプラシアンで、与えられたネットワークの隣接行列Aから$L = D - A$ で求められます。そこで、与えられたLに対してRを最小化するようなベクトルsを求める必要があります。

s_iは$+1$か-1の値しか取れないため、Rの最小化は容易ではありません。そのため、条件を緩めて、以下の制約の範囲内でs_iが任意の値を取れるようにします。

$$|s| = \sqrt{n} \quad \text{または} \quad \sum_i s_i^2 = n \cdots\cdots \text{制約 1}$$

$$\sum_i s_i = n_1 - n_2 \quad \text{または} \quad 1^{\mathrm{T}}s = n_1 - n_2 \cdots\cdots \text{制約 2}$$

ただしn_1とn_2はそれぞれグループ1とグループ2の頂点数であり、$n = n_1 + n_2$はネットワーク全体の頂点数です。これをラグランジュの未定乗数法[†9]を用いて解くと

$$Ls = \lambda s + \mu 1$$

が得られます。また、両辺に左から1^Tを掛けると

$$L \cdot 1 = 0,\ 1^T s = n_1 - n_2$$

であることから

$$\mu = -\frac{n_1 - n_2}{n}\lambda$$

が得られます。ベクトル$x = s + \dfrac{\mu}{\lambda}1$を定義すると

$$Lx = L(s + \frac{\mu}{\lambda}1) = Ls = \lambda s + \mu 1 = \lambda x$$

となり、xはグラフラプラシアンLの固有ベクトルであり、対応する固有値はλであることがわかります。

一般に、Lの固有ベクトルは複数あるため、Rを小さくするためにどの固有ベクトルをxとして選ぶべきか考える必要があります。しかし

---

†9 束縛条件のある関数を最大化もしくは最小化する手法のこと。

$$\mathbf{1}^T x = \mathbf{1}^T s + \frac{\mu}{\lambda}\mathbf{1}^T\mathbf{1} = (n_1 - n_2) - \frac{n_1 - n_2}{n} n = 0$$

であることから、ベクトル x は $\mathbf{1}$ とは直交であり、また

$$R = \frac{1}{4} s^T L s = \frac{1}{4} x^T L x = \frac{1}{4}\lambda x^T x$$

$$\begin{aligned} x^T x &= s^T s + \frac{\mu}{\lambda}(s^T\mathbf{1} + \mathbf{1}^T s) + \frac{\mu^2}{\lambda^2}\mathbf{1}^T\mathbf{1} \\ &= n - 2\frac{n_1 - n_2}{n}(n_1 - n_2) + \frac{(n_1 - n_2)^2}{n^2} n = 4\frac{n_1 n_2}{n} \end{aligned}$$

であることから

$$R = \frac{n_1 n_2}{n}\lambda$$

となります。

したがって、R は固有値 λ に比例します。L の最も小さい固有値は 0、それに対応する固有ベクトルは $\mathbf{1}$ で、ベクトル x と $\mathbf{1}$ は直交であることから $x \neq \mathbf{1}$ であり、x として $\mathbf{1}$ を選ぶことはできません。

したがって、x として、2 番目に小さい固有値 λ_2 に対応する固有ベクトル $\mathbf{v}_2$ を選べばよいことになります。x の定義から $s = x + \frac{n_1 - n_2}{n}\mathbf{1}$ ですが、s は $+1$ または -1 の値を取ることから、グラフラプラシアン L の 2 番目に小さい固有値 λ_2 に対応する固有ベクトル v_2 の要素をソートします。大きいもの（小さいもの）から n_1 個をグループ 1、残りをグループ 2 に分ける分割で R が小さい方を選ぶことでネットワーク分割を行います。

6.2 コミュニティ抽出

前節のネットワーク分割とは異なり、分割数や分割後のサイズがあらかじめ与えられずに、ネットワークの密な部分を抽出するアプローチを**コミュニティ抽出**と呼びます。

コミュニティ抽出は、ネットワーク全体の構造を把握したり、可視化したりするうえで有用であるだけでなく、似た嗜好のユーザに対する情報推薦を行ったり、口コミ情報の伝搬プロセスを考えたりするうえでも重要です。

コミュニティにはさまざまな定義があり、それぞれに対して数多くの抽出手法が提案されています。そのなかでも、本節では代表的な手法について述べます。

6.2.1 ラベル伝搬

ラベル伝搬は、すべての頂点が別々のコミュニティのラベルを持った状態を初期状態として、各頂点が周囲の頂点に合わせて自分の所属コミュニティを変更する処理を繰り返すことで、コミュニティを決定する手法です。所属コミュニティの変更を同期的に行うか、非同期的に行うかなどのバリエーションがあります。

ラベル伝搬によるコミュニティ抽出は一般に高速であり、局所的な処理で済むことから並列化も比較的容易ですが、多くの場合、得られるコミュニティの質は高くありません。

6.2.2 モジュラリティ最適化

ネットワークを分割して得られるコミュニティの質を測る指標として、しばしば**モジュラリティ**が用いられます。ネットワークとコミュニティ集合が与えられたとき、モジュラリティQは以下の式で計算できます。

$$Q = \frac{1}{2m}\sum_{ij}(A_{ij} - \frac{k_i k_j}{2m})\delta(c_i, c_j)$$

ここでmはネットワークの辺の数、A_{ij}はネットワークの隣接行列Aの(i, j)成分で、頂点iと頂点jの間に辺があれば1、そうでなければ0です。k_iは頂点iの次数、c_iは頂点iが属するコミュニティのラベル、$\delta(c_i, c_j)$のδはクロネッカーのデルタで、c_iとc_jが等しい（すなわち頂点iと頂点jが同じコミュニティに属する）ときに1、それ以外のときに0の値を取ります。

コミュニティ内の辺が密でコミュニティ間の辺が疎である場合（すなわち望ましいコミュニティ抽出ができている場合）にモジュラリティは正の大きな値を取り、逆にコミュニティ内の辺とコミュニティ間の辺の数が大差ない場合には0に近い値を取ります。

このモジュラリティの値は、ネットワークをランダムに分割したときのコミュニティ間の辺の数との差異を表しています。コミュニティ抽出の戦略として、このモジュラリティ値が大きくなるようなネットワークの分割を探索するやりかたがしばしば用いられ、**モジュラリティ最適化**と呼ばれています。

6.2.3　スペクトラルなモジュラリティ最適化

与えられたネットワークから、モジュラリティ値の大きいコミュニティ集合を見つけることは、頂点数の多いネットワークにおいては困難であるため、ヒューリスティックなアルゴリズムがしばしば用いられます。たとえばネットワーク分割における Kernigham-Lin アルゴリズムのように、初期分割での異なるグループの2頂点を入れ替えていくことでモジュラリティ値の大きい分割を得る方法も考えられますが、コミュニティのサイズはあらかじめわかっていないため、初期分割の大きさをどのように決めるかが問題になります。

上述のグラフ分割のように、スペクトラルなモジュラリティ最適化のアプローチもあります。隣接行列をもとに、$B_{ij} = A_{ij} - \frac{k_i k_j}{2m}$となるモジュラリティ行列$B$を考えてみましょう。これを用いると、モジュラリティ値Qは以下のように表されます。

$$Q = \frac{1}{2m}\sum_{ij}(A_{ij} - \frac{k_i k_j}{2m})\delta(c_i, c_j) = \frac{1}{2m}\sum_{ij} B_{ij}\delta(c_i, c_j)$$

次に、ネットワークを2分割することを考えます。頂点iの属するグループによってs_iを以下のように定義します。

$$s_i = \begin{cases} +1 & \text{頂点 } i \text{ が group 1 に属するとき} \\ -1 & \text{頂点 } i \text{ が group 2 に属するとき} \end{cases}$$

すると$\delta(c_i, c_j) = \frac{1}{2}(s_i s_j + 1)$で表せることから

$$Q = \frac{1}{4m}\sum_{ij} B_{ij}(s_i s_j + 1) = \frac{1}{4m}\sum_{ij} B_{ij} s_i s_j$$

であり、行列で表現すると以下のようになります。

$$Q = \frac{1}{4m} s^T B s$$

ネットワークが与えられればモジュラリティ行列Bは定まることから、モジュラリティ値Qを最大化するようなベクトルsを求めます。sの要素は$+1$か-1ですが、この条件を緩めて任意の値を取れるように、ただしベクトルの長さは同じになるようにします。すなわち

$$s^T s = \sum_i s_i^2 = n$$

という制約を与えます。

これを先ほどと同様にラグランジュの未定乗数法を用いて解くと、$Bs = \beta s$が得られて、ベクトルsはモジュラリティ行列の固有ベクトルの 1 つであることがわかります。これを代入すると

$$Q = \frac{1}{4m}\beta s^T s = \frac{n}{4m}\beta$$

となります。モジュラリティ値Qを最大化するために、モジュラリティ行列Bの最大固有値に対応する固有ベクトル$s = u_1$として、u_1のi番目の要素$[u_1]_i$の正負に応じてs_iに$+1$または-1の値を割り当てます。

$$s_i = \begin{cases} +1 & [u_1]_i > 0 \text{ のとき} \\ -1 & [u_1]_i < 0 \text{ のとき} \end{cases}$$

以上をまとめると、スペクトラルなモジュラリティ最適化の手法は以下のようになります。

- 与えられたネットワークのモジュラリティ行列の最大固有値に対応する固有ベクトルを求める
- その固有ベクトルの各要素の正負に応じて、正の要素のコミュニティと負の要素のコミュニティとに分ける
- このようなネットワークの 2 分割を繰り返すことによって、より多くの分割を行うことができる。 ただし、一般に 2 分割を繰り返すことで最適なn分割を得られるとは限らない

ヒューリスティックなモジュラリティの最大化の手法としては、V. D. Blondel 氏らの **Louvain 法**がしばしば用いられます。これは、まずネットワークから局所的な小さいコミュニティを**貪欲法**[†10]（Greedy Algorithm）で抽出します。次に、得られた各コミュニティ内の頂点をまとめて 1 つの頂点とみなし

---

†10　問題解決における戦略の 1 つ。大域的最適解を得るために、各段階において局所的に最適な選択を繰り返していくこと。

た、メタネットワークにおけるコミュニティ抽出を行います。この処理を繰り返すことで、最終的には階層的なコミュニティ抽出を行うものです。

本節では取り上げませんでしたが、重なりのあるコミュニティの抽出や、辺に重みや向きがある場合のコミュニティの抽出など、コミュニティ抽出には数多くのバリエーションがあり、それぞれに対してさまざまな手法が提案されています。また、モジュラリティやカットの他にコミュニティの質を測る指標として、**conductance** などがあります。ネットワークの頂点集合を2つに分割した際のconductanceとは、集合間の辺の数を、小さい方の集合のサイズで割った値のことです。

リスト6.2 では、Zachary's karate clubネットワークを対象とし、12行目のgreedy_modularity_communitiesによってCNM法（Clauset-Newman-Moore）でのモジュラリティ最適化によるコミュニティ抽出を行い、コミュニティ毎に異なる色で色分けしたものを上側に描画しています。次に、25行目のlabel_propagation_communitiesによってラベル伝搬によるコミュニティ抽出を行い、コミュニティ毎に異なる色で色分けしたものを下側に描画しています（**図6.3**）。

リスト6.2 モジュラリティ最適化とラベル伝搬によるコミュニティ抽出

```
1  import networkx as nx
2  import matplotlib.pyplot as plt
3  import numpy as np
4  import numpy.linalg as LA
5  from networkx.algorithms.community import greedy_modularity_communities
6  from networkx.algorithms.community import label_propagation_communities
7
8  G = nx.karate_club_graph()
9  colors = ['red', 'blue', 'green']
10 pos = nx.spring_layout(G)
11
12 lst_m = greedy_modularity_communities(G)
13 color_map_m = ['black'] * nx.number_of_nodes(G)
14 counter = 0
15 for c in lst_m :
```

```
16     for n in c :
17       color_map_m[n] = colors[counter]
18     counter = counter + 1
19   nx.draw_networkx_edges(G, pos)
20   nx.draw_networkx_nodes(G, pos, node_color=color_map_m)
21   nx.draw_networkx_labels(G, pos)
22   plt.axis('off')
23   plt.show()
24
25   lst_l = label_propagation_communities(G)
26   color_map_l = ['black'] * nx.number_of_nodes(G)
27   counter = 0
28   for c in lst_l :
29     for n in c :
30       color_map_l[n] = colors[counter]
31     counter = counter + 1
32   nx.draw_networkx_edges(G, pos)
33   nx.draw_networkx_nodes(G, pos, node_color=color_map_l)
34   nx.draw_networkx_labels(G, pos)
35   plt.axis('off')
36   plt.show()
```

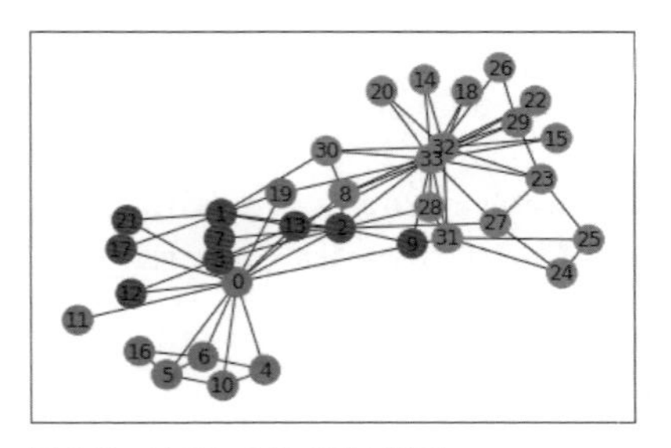

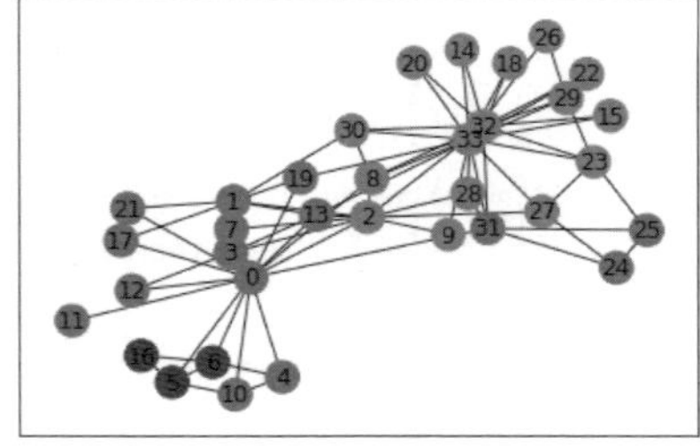

図 6.3　リスト 6.2 の出力結果

練習問題 6

(i) ネットワーク分割とコミュニティ抽出の違いと、それぞれどのようなネットワークに対して有効かを答えなさい。

(ii) モジュラリティを計算する際に必要な入力はなにか、また、出力された値がどのような意味を持つか答えなさい。

似たネットワークを作る
モデル化

ネットワークがどのようにして作られたかというメカニズムを知ることによって、似たようなネットワークを作ることや、今後どのように発展していくかを知ることの手掛かりになります。

本章では、以下のようなネットワークの基本的なモデルについて紹介します。

- ランダムグラフ
- コンフィギュレーションモデル
- スケールフリーグラフ
- スモールワールドグラフ

ネットワークが持つ特定の構造や性質を**ネットワークモデル**といい、具体的なあるネットワークから汎用的なモデルを生成することを**モデル化**といいます。

7-1 次数分布

モデル自体の説明に入る前に、モデルの特徴を理解するうえで重要な**次数分布**について説明します。

各頂点につながる辺の本数を、その頂点の次数と呼びます（3.2 節）。ネットワークの次数分布とは、頂点の次数を X 軸、頂点の頻度（割合）を Y 軸としたグラフのことです。

ネットワークの各頂点の次数がどのように分布しているかを知ることは、そのネットワークの特性を理解するうえで、きわめて重要なことです。たとえば、各頂点の次数に大きな差がないネットワークと、次数に大きな偏りがあるネットワークとでは、一部の頂点の欠損に対する頑強性などが大きく異なります。

図 7.1 は、頂点数は同じですが異なる次数分布のネットワークモデルを示しています。

7 リスト 7.1　ランダムグラフ、スケールフリーグラフ　、完全グラフ、Zachary's karate club ネットワークの次数分布

```
1  import networkx as nx
2  import matplotlib.pyplot as plt
3
4  er = nx.erdos_renyi_graph(100, 0.1)
5  plt.subplot(241)
6  nx.draw(er, node_size=10, node_color='red')
7  print(nx.info(er))
8  plt.subplot(245)
9  plt.plot(nx.degree_histogram(er))
```

```
10
11  ba = nx.barabasi_albert_graph(100, 3)
12  plt.subplot(242)
13  nx.draw(ba, node_size=10, node_color='red')
14  print(nx.info(ba))
15  plt.subplot(246)
16  plt.plot(nx.degree_histogram(ba))
17
18  K_100 = nx.complete_graph(100)
19  plt.subplot(243)
20  nx.draw(K_100, node_size=10, node_color='red')
21  print(nx.info(K_100))
22  plt.subplot(247)
23  plt.plot(nx.degree_histogram(K_100))
24
25  karate = nx.karate_club_graph()
26  plt.subplot(244)
27  nx.draw(karate, node_size=10, node_color='red')
28  print(nx.info(karate))
29  plt.subplot(248)
30  plt.plot(nx.degree_histogram(karate))
```

```
1   Name:
2   Type: Graph
3   Number of nodes: 100
4   Number of edges: 471
5   Average degree:   9.4200
6   Name:
7   Type: Graph
8   Number of nodes: 100
9   Number of edges: 291
10  Average degree:   5.8200
11  Name:
12  Type: Graph
13  Number of nodes: 100
14  Number of edges: 4950
```

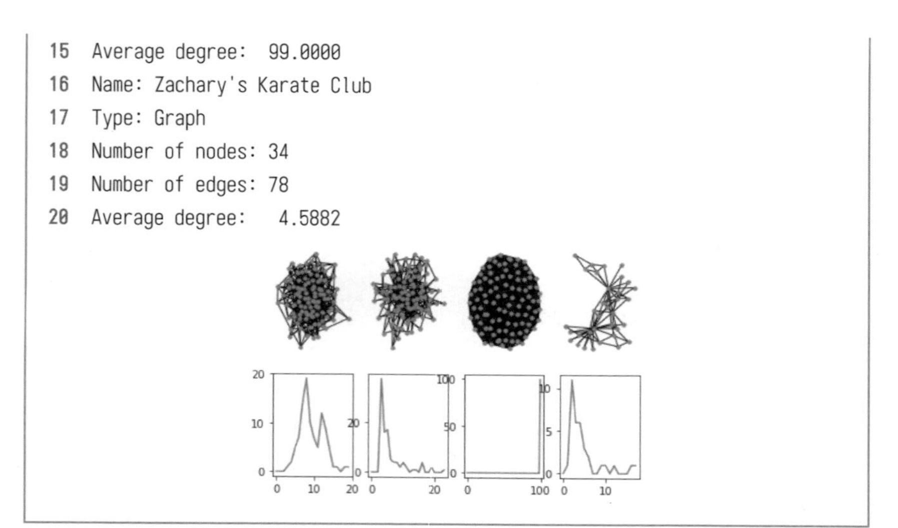

図 7.1　リスト 7.1 の出力結果

図 7.1 を左から順に見ていきましょう。ランダムグラフでは、多くの頂点の次数が平均次数に近いのに対し、スケールフリーグラフでは、極端に次数の大きい頂点が少数ですが存在します。また、完全グラフでは、すべての頂点の次数が等しくなっています。Zachary's karate club ネットワークは実ネットワークであり、頂点数も異なりますが、比較のために並べて示しました。次数の大きい頂点が少数存在し、ほとんどの頂点は次数が小さいことが読み取れます。

図 7.1 を出力するプログラムである**リスト 7.1** では、erdos_renyi_graph・barabasi_albert_graph・complete_graph・karate_club_graph によってそれぞれランダムグラフ・スケールフリーグラフ・完全グラフ・Zachary's karate club ネットワークを生成し、それぞれの頂点の数や辺の数などの情報を info で表示しています。次にネットワークの描画とその次数分布を 2 行 4 列に並べて表示しています。2 行 4 列のどこに表示するかを Matplotlib の subplot で指定しています。

7 2 ランダムグラフ

ランダムグラフとは、辺の数や辺の張られる確率が与えられて、どの 2 頂点間が辺で結ばれるかはランダムに決まるネットワークのモデルです。現実のネットワークにおいては、ランダムに選ばれた 2 頂点間が辺で結ばれることは稀であり、ランダムグラフとは性質が大きく異なることが指摘されています。しかしながら、ランダムグラフは数理的に解析しやすいことから、ネットワークの基本的なモデルとして多くの解析がなされています。ランダムグラフの定義としてよく用いられるのは、以下の 2 つです。

(1) **ランダムグラフ $G(n, m)$**

頂点の数nと辺の数mが与えられます。平均次数は$\langle k \rangle=\dfrac{2m}{n}$で与えられます。

(2) **ランダムグラフ $G(n, p)$**

頂点の数nと辺の張られる確率pが与えられます。n個の頂点から 2 個を選ぶ組み合わせは${}_nC_2$通りであり、それぞれについて確率pで辺が張られるので、辺の数の平均は$\langle m \rangle={}_nC_2 \cdot p$で与えられます。また、平均次数は、辺の数の 2 倍を頂点数で割った

$$\frac{2}{n}{}_nC_2 \cdot p = \frac{2}{n}\frac{n(n-1)}{2}p = (n-1)p$$

となります。この平均次数を$c = (n-1)p$で表します。

ランダムグラフ$G(n, p)$の次数分布を考えてみましょう。

頂点は他の$n-1$個の頂点と確率pで結ばれるため、次数がkとなる確率p_kは

$$p_k = {}_{n-1}C_k \cdot p^k(1-p)^{n-1-k}$$

となります。十分大きなnの場合には

$$p_k \simeq \frac{(n-1)^k}{k!} p^k e^{-c}$$

と近似できます。これをさらに計算すると$p_k = e^{-c}\frac{c^k}{k!}$となり、ポアソン分布[†11]に従うことがわかります。ポアソン分布は、c（平均次数）が大きくなるにつれて正規分布[†12]に近づきます。

続いて、ランダムグラフのクラスタ係数について考えてみましょう。

クラスタ係数とは、頂点vとu、vとwが辺で結ばれているときにuとwが辺で結ばれる確率のことです（3.6節）。ランダムグラフ$G(n, p)$においては、$C = p = c/(n-1)$となります。この値は、nが大きいときには0に近づきます。現実の社会ネットワークにおいてはクラスタ係数が大きいことが知られており、ランダムグラフとは大きく異なることがわかります。

リスト7.2では、実際に生成したランダムグラフの次数分布と、ポアソン分布とを縦に並べて示しています。プログラムでは、頂点数が100、pが0.01、0.03、0.05、0.1のそれぞれについてのランダムグラフを生成し、上段に描画します。中段にはそれぞれに対応する次数分布を表示します。さらに下段には、それぞれに対応するポアソン分布を表示します。中段のランダムグラフの次数分布が、下段のポアソン分布で近似できることがわかります。

リスト7.2　ランダムグラフの次数分布とポアソン分布

```
1  import networkx as nx
2  import matplotlib.pyplot as plt
3  import numpy as np
4  import math
5  import scipy
```

† 11　事故や病気の発症などランダムに起きる事象において、特定の期間中に何回起こる確率が何％あるかを表す分布のこと。

† 12　平均値を頂点とした左右対称の山型で表現される、最も一般的な確率分布のこと。

```
 6
 7  def p1(x):
 8    return (1**x)*(np.e**(-1))/scipy.special.factorial(x)
 9  def p3(x):
10    return (3**x)*(np.e**(-3))/scipy.special.factorial(x)
11  def p5(x):
12    return (5**x)*(np.e**(-5))/scipy.special.factorial(x)
13  def p10(x):
14    return (10**x)*(np.e**(-10))/scipy.special.factorial(x)
15
16  er01 = nx.erdos_renyi_graph(100, 0.01)
17  plt.subplot(3,4,1)
18  nx.draw(er01, node_size=10, node_color='red')
19  plt.subplot(3,4,5)
20  plt.plot(nx.degree_histogram(er01))
21  er1 = nx.erdos_renyi_graph(100, 0.03)
22  plt.subplot(3,4,2)
23  nx.draw(er1, node_size=10, node_color='red')
24  plt.subplot(3,4,6)
25  plt.plot(nx.degree_histogram(er1))
26  er5 = nx.erdos_renyi_graph(100, 0.05)
27  plt.subplot(3,4,3)
28  nx.draw(er5, node_size=10, node_color='red')
29  plt.subplot(3,4,7)
30  plt.plot(nx.degree_histogram(er5))
31  er8 = nx.erdos_renyi_graph(100, 0.1)
32  plt.subplot(3,4,4)
33  nx.draw(er8, node_size=10, node_color='red')
34  plt.subplot(3,4,8)
35  plt.plot(nx.degree_histogram(er8))
36
37  plt.subplot(3,4,9)
38  x = np.arange(0, 4, 1)
39  y = p1(x)
40  plt.plot(x, y)
41  plt.subplot(3,4,10)
42  x = np.arange(0, 10, 1)
```

```
43  y = p3(x)
44  plt.plot(x, y)
45  plt.subplot(3,4,11)
46  x = np.arange(0, 12, 1)
47  y = p5(x)
48  plt.plot(x, y)
49  plt.subplot(3,4,12)
50  x = np.arange(0, 20, 1)
51  y = p10(x)
52  plt.plot(x, y)
```

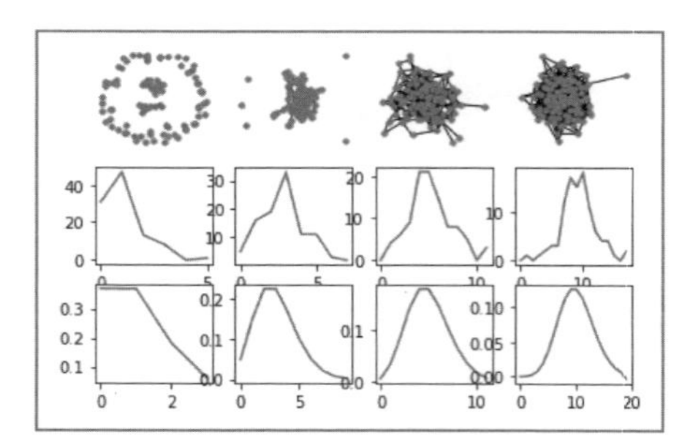

図 7.2　リスト 7.2 の出力結果

7-3 コンフィギュレーションモデル

先に述べたランダムグラフは、頂点の数と辺の数（あるいは頂点の数と辺で結ばれる確率）を入力として、次数分布はポアソン分布となりました。ポアソン分布でなく与えられた任意の次数の列を持つランダムグラフを生成するモデルとして、**コンフィギュレーションモデル**があります。

頂点の次数列 $[k_1, k_2, \ldots, k_n]$ が与えられたとき、その次数を持つ頂点の「切り株」を用意し、そのなかから 2 つをランダムに選んで辺で結ぶという処理を m 回繰り返してネットワークを生成します（**図 7.3**）。m はネットワークの辺の数 $m = \frac{\sum_i k_i}{2}$ となります。

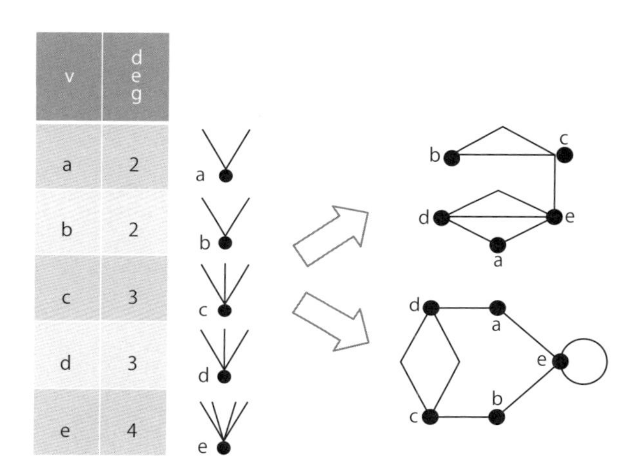

図 7.3 コンフィギュレーションモデル

一般に、頂点の次数列 $[k_1, k_2, \ldots, k_n]$ に対応するネットワークは複数存在します。**リスト 7.3** は、次数の列 [0,1,1,2,2,2,2,3,3,4] に対応する 3 つのネットワークを示しています。この次数の列を configuration_model の引数として与えて 3 つのネットワークを生成し、それらを並べて表示しています。辺で結ばれる頂点がランダムに選ばれるため、偶然同じネットワークになる可能性もありますが、一般には異なるネットワークが生成されます。

リスト 7.3 コンフィギュレーションモデル

```
1  import networkx as nx
2  import matplotlib.pyplot as plt
3
4  deg_seq = [0,1,1,2,2,2,2,3,3,4]
5  plt.subplot(1,3,1)
6  G1 = nx.configuration_model(deg_seq)
7  nx.draw_spring(G1, node_size=10, node_color='red')
```

```
 8
 9  plt.subplot(1,3,2)
10  G2 = nx.configuration_model(deg_seq)
11  nx.draw_spring(G2, node_size=10, node_color='red')
12
13  plt.subplot(1,3,3)
14  G3 = nx.configuration_model(deg_seq)
15  nx.draw_spring(G3, node_size=10, node_color='red')
```

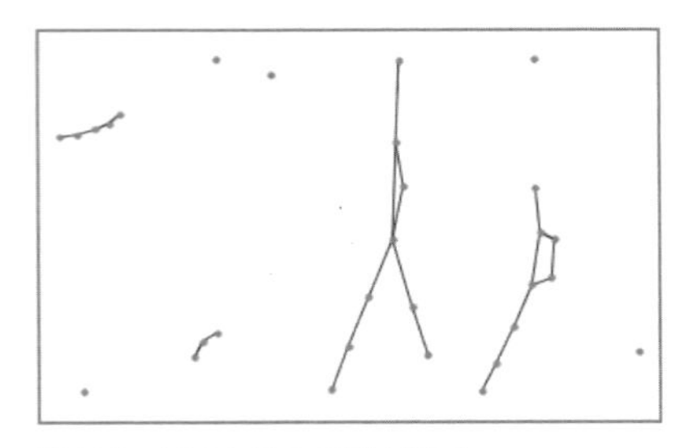

図 7.4　リスト 7.3 の出力結果

7-4 スケールフリーグラフ

現実の社会ネットワークなどの実ネットワークは、他の多くの頂点と結ばれている頂点が存在したり、クラスタ係数が大きかったりするなど、ランダムグラフの性質とは大きく異なります。この節では、ネットワークの生成プロセスをモデル化する、生成モデルについて述べます。実際のネットワークに近い性質を持つネットワークの生成モデルが明らかになれば、実際のネットワークがどのように作られたか、そのメカニズムの解明につながると考えられます。

次のような性質を持つ生成モデルを考えて、どのようなネットワークが得られるかを調べてみましょう。

- **成長**：頂点が新たに追加され、減ることはない
- **優先的選択**：新たに追加される頂点は、次数の高い頂点と高い確率で辺で結ばれる

この具体例として、**BA モデル**（Barabasi-Albert）がよく知られています。ネットワークに頂点を追加していき、すでにある頂点のなかから、次数に比例する確率で選んだ頂点と新しい頂点との間に辺を張る処理を繰り返してネットワークを生成します。

リスト 7.4 では、そのようにして得られたネットワークの例を示します。頂点数が 1000、頂点が追加されるときに新たに張られる辺の数を 3 としたときの BA モデルのネットワークを barabasi_albert_graph(1000,3) で生成し、上段ではそのネットワークを描画しています。さらに、中段ではその次数分布を表示し、下段では X 軸と Y 軸を対数目盛にした両対数グラフでの次数分布を表示しています。

リスト 7.4 スケールフリーネットワークの次数分布

```
1  import networkx as nx
2  import matplotlib.pyplot as plt
3
4  ba = nx.barabasi_albert_graph(1000, 3)
5  plt.subplot(3,1,1)
6  nx.draw(ba, node_size=10, node_color='red')
7  print(nx.info(ba))
8  plt.subplot(3,1,2)
9  plt.plot(nx.degree_histogram(ba))
10 plt.subplot(3,1,3)
11 plt.xscale("log")
12 plt.yscale("log")
13 plt.grid(which="both")
14 plt.plot(nx.degree_histogram(ba))
```

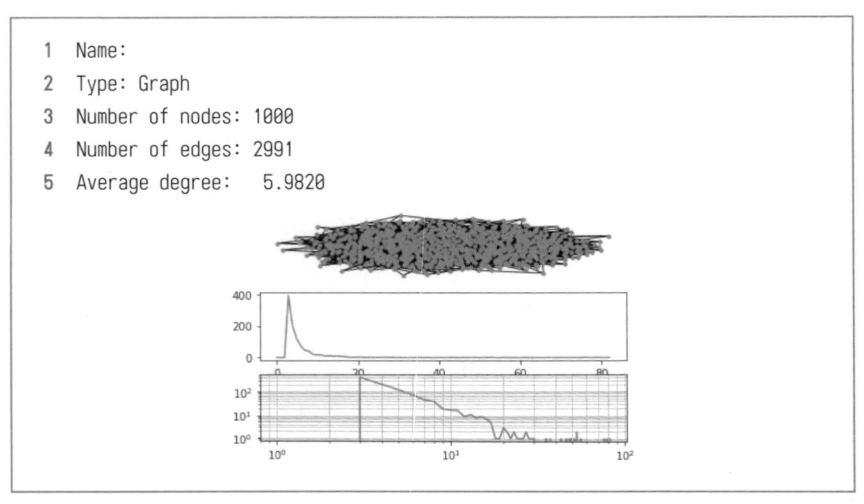

図 7.5　リスト 7.4 の出力結果

次数分布を見ると、次数が小さい頂点が多いのに対して、次数が非常に大きい頂点がわずかながら存在していることがわかります。1 番下のグラフは、次数分布の X 軸と Y 軸を対数目盛にした両対数グラフです。こうすると直線になることから、もとの次数分布はべき関数（$p_k = a \cdot k^{-\alpha}$）に従っていることがわかります。

このようなネットワークは、次数分布に特徴的な尺度がないことから、**スケールフリーグラフ**と呼ばれたり、次数分布がべき法則（power law）に従うといわれたりします。

7 5 スモールワールドグラフ

現実の社会ネットワークにおいては、「A と B が友人、かつ B と C が友人なら、A と C も友人同士である」ということが多くみられます。したがって、クラスタ係数は大きい傾向にあります。また、友人の友人の友人の……とたどっていくと、大多数の友人に比較的短い距離で到達できることが多いです。

このように、実ネットワークにおける2頂点間の距離は、ネットワークの規模に比べて非常に短い距離でつながっていることが多いことが知られています。このような性質は「**6次の隔たり**（six degrees of separation）」などと呼ばれています。

クラスタ係数が大きいという性質は、これまでに述べたランダムグラフやスケールフリーグラフとは大きく異なっています。また、2頂点間の距離が短いという性質は、ランダムグラフでは成立していますが、スケールフリーグラフとは大きく異なっています。

スモールワールドグラフは、クラスタ係数の大きいネットワークと、ランダムグラフとを組み合わせることで、上記の2つの性質（推移性と短いパス長）を持つようなネットワークを生成するモデルです。

具体的な例として、クラスタ係数の大きいネットワークとして、円周上に頂点を配置して、各頂点は最近傍の k 個の頂点と辺で結ばれているネットワークを考えてみましょう（**リスト 7.5**）。

このプログラムでは watts_strogatz_graph でスモールワールドグラフを生成しています。引数はそれぞれ頂点数・初期状態の各頂点の次数・辺の一部をランダムに変更（rewiring）する割合です。最初のネットワークは rewiring の割合が0%で、非常に規則的な構造です。頂点の次数はすべて k であり、クラスタ係数と平均頂点間距離はともに大きくなります。次に、この辺の一部を rewiring することによって、ランダムグラフの要素を一部取り入れます。2番目のネットワークは rewiring の割合が30%で、これによってクラスタ係数は比較的大きく、かつ平均頂点間距離が小さいネットワークを生成することができます。なお、3番目のネットワークは rewiring の割合が100%で、これは完全なランダムグラフになり、クラスタ係数が小さく、平均頂点間距離も小さくなります。

リスト7.5　スモールワールドグラフ

```
1  import networkx as nx
2  import matplotlib.pyplot as plt
3  
4  plt.subplot(1,3,1)
5  ws0 = nx.watts_strogatz_graph(100, 4, 0)
6  nx.draw_circular(ws0, node_size=10, node_color='red')
7  print("rewiring 0%")
8  print("L =", nx.average_shortest_path_length(ws0))
9  print("C =", nx.average_clustering(ws0))
10 plt.subplot(1,3,2)
11 ws03 = nx.watts_strogatz_graph(100, 4, 0.3)
12 nx.draw_circular(ws03, node_size=10, node_color='red')
13 print("rewiring 30%")
14 print("L =", nx.average_shortest_path_length(ws03))
15 print("C =", nx.average_clustering(ws03))
16 plt.subplot(1,3,3)
17 ws1 = nx.watts_strogatz_graph(100, 4, 1)
18 nx.draw_circular(ws1, node_size=10, node_color='red')
19 print("rewiring 100%")
20 print("L =", nx.average_shortest_path_length(ws1))
21 print("C =", nx.average_clustering(ws1))
```

```
1  rewiring 0%
2  L = 12.878787878787879
3  C = 0.5
4  rewiring 30%
5  L = 3.8341414141414143
6  C = 0.18766666666666662
7  rewiring 100%
8  L = 3.402020202020202
9  C = 0.017595238095238098
```

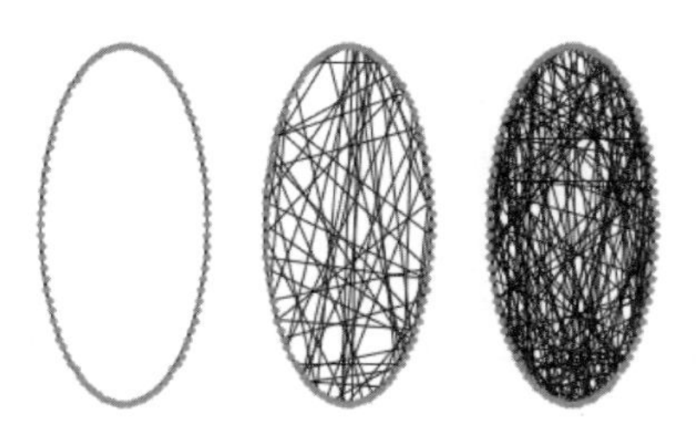

図 7.6 リスト 7.5 の出力結果

このように、生成モデルによって、現実のネットワークの性質の一部を満たすような人工的なネットワークを作ることができます。それによって、ネットワークの生成メカニズムを考察したり、得られた人工ネットワークを用いてネットワークアルゴリズムを検証したりすることができます。

表 7.1 本章で紹介したネットワークモデル

名称	定義	特徴
ランダムグラフ	辺の数や辺の張られる確率をもとに、2 頂点間の辺の有無をランダムに決めるモデル	頂点の数 n が大きい場合、次数分布がポアソン分布で近似できる クラスタ係数は非常に小さい
コンフィギュレーションモデル	任意の次数の列を持つグラフを生成するモデル	同一の頂点次数列を持つネットワークは複数存在し、そのようなネットワークがランダムに生成される
スケールフリーグラフ	次数分布がべき法則に従っていて、一部の頂点が他のたくさんの頂点と辺でつながっており、その他の大部分はわずかな頂点としかつながっていないネットワークを生成するモデル	次数分布が両対数グラフで直線になる
スモールワールドグラフ	推移性と短いパス長を持つネットワークを生成するモデル	クラスタ係数が比較的大きく、平均頂点間距離が小さい

練習問題 7

(i) ランダムグラフ $G(n, m)$ と $G(n, p)$ の違いを説明しなさい。

(ii) コンフィギュレーションモデルでネットワークを生成するための頂点の次数列 $[k_1, k_2, \ldots, k_n]$ が満たすべき条件を答えなさい。

(iii) スケールフリー性を持つ現実のネットワークの例を挙げなさい。

似た頂点を見つける

将来の構造予測

現在の友人関係から将来の友人関係を予測できたらおもしろいですし、ソーシャルメディアでの友人の推薦などに役立ちます。

本章では、ネットワークの構造を予測あるいは推定する手法をを紹介します。

時間変化するネットワークの将来の構造を予測したり、ネットワーク全体が観測できないときにその観測できない部分を推定したりする問題は、**リンク予測**と呼ばれています。

8-1 頂点間の類似度

リンク予測の説明に入る前に、リンク予測に必要な要素である**類似度**について説明します。

与えられたネットワークから、今後どのような辺ができるかを予測するリンク予測の手法は数多くあります。最も単純なアプローチは、**類似度**の高い頂点間には辺が張られる可能性が高いと仮定し、頂点間の類似度を計算するものです。「類似度」と言ってもさまざまなものが考えられますが、よく知られている類似度としては以下のものが挙げられます。

（1）common neighbors
（2）Jaccard coefficient
（3）Adamic/Adar
（4）preferential attachment

（1）common neighbors

common neighbors は、文字どおり「共通の隣人」を意味します。ネットワーク G と 2 つの頂点 v, w が与えられたとき、v に隣接する頂点集合を $\Gamma(v)$ で表すと

$$Score_{cn}(v, w) = |\Gamma(v) \cap \Gamma(w)|$$

で v と w の類似度を計算するものです。「共通の隣人が多いほど将来友人になる可能性が高い」という判断は妥当であることが多いといえます。

(2) Jaccard coefficient

Jaccard coefficient は

$$Score_{jc}(v, w) = \frac{|\Gamma(v) \cap \Gamma(w)|}{|\Gamma(v) \cup \Gamma(w)|}$$

で表される類似度です。common neighbors が単に共通の隣接頂点の数であるのに対して、Jaccard coefficient は v と w のすべての隣接頂点に対する、共通の隣接頂点の割合です。これにより、極端に隣接頂点が多い頂点との Jaccard coefficient は小さくなります。

(3) Adamic/Adar

Adamic/Adar は common neighbors の改良版であり

$$Score_{aa}(v, w) = \sum_{x \in \Gamma(u) \cap \Gamma(v)} \frac{1}{log|\Gamma(x)|}$$

で表されます。単に共通の隣接頂点を同じものとしてカウントするのでなく、共通の隣接頂点のなかで次数の少ないものを重視する類似度です。

(4) preferential attachment

preferential attachment は

$$Score_{pa}(v, w) = |\Gamma(v)| \cdot |\Gamma(w)|$$

で表される類似度であり、隣接頂点の多い頂点同士ほど類似度が高いとみなします。

リスト 8.1 は、Zachary's karate club ネットワークにおける 2 頂点 (4, 5) の、common neighbors、Jaccard coefficient、Adamic/Adar、preferential attachment を表示するものです。

まず、2 頂点の隣接頂点集合および次数を表示したあとに、common_neighbors、jaccard_coefficient、adamic_adar_index、preferential_attachment によってそれぞれの類似度を求めています。これらの関数は要素を一度にすべて返すのではなく、値を 1 つずつ順番に取り出すことのできるイテレータという形で返します。そのイテレータをリストに変換するために list が用いられています。

また、jaccard_coefficient、adamic_adar_index、preferential_attachment において [0][2] がついているのは、これらの関数の値が [(頂点 1, 頂点 2, 類似度の値)] というタプルのリストになっているためです。関数の値に [0] を付けることでリストの 0 番目の要素 (すなわちタプル (頂点 1, 頂点 2, 類似度の値)) が得られて、さらに [2] をつけることで、そのタプルの 2 番目の要素 (すなわち類似度の値) が得られます。

リスト 8.1　頂点間の類似度 (common neighbors、Jaccard coefficient、Adamic/Adar、preferential attachment)

```
1  import networkx as nx
2  import matplotlib.pyplot as plt
3
4  G = nx.karate_club_graph()
5  plt.figure(figsize=(5, 5))
6  nx.draw_spring(G, node_size=400, node_color="red", with_labels=True,
   font_weight='bold')
7  x = 4
8  y = 5
9  print("vertex pair:", x, "and", y)
10 print("neighbors of", x, ":", list(G.neighbors(x)))
11 print("neighbors of", y, ":", list(G.neighbors(y)))
12 print("degree of", x, ":", G.degree(x))
13 print("degree of", y, ":", G.degree(y))
14
```

```
15 print("common neighbosr:", len(list(nx.common_neighbors(G, x, y))))
16 print("Jaccard coefficient:", list(nx.jaccard_coefficient(G, [(x, y)]))
   [0][2])
17 print("Adamic/Adar:", list(nx.adamic_adar_index(G, [(x, y)]))[0][2])
18 print("preferential attachment:", list(nx.preferential_attachment(G, [(x,
   y)]))[0][2])
```

```
1 vertex pair: 4 and 5
2 neighbors of 4 : [0, 6, 10]
3 neighbors of 5 : [0, 6, 10, 16]
4 degree of 4 : 3
5 degree of 5 : 4
6 common neighbosr: 3
7 Jaccard coefficient: 0.75
8 Adamic/Adar: 1.9922605072935597
9 preferential attachment: 12
```

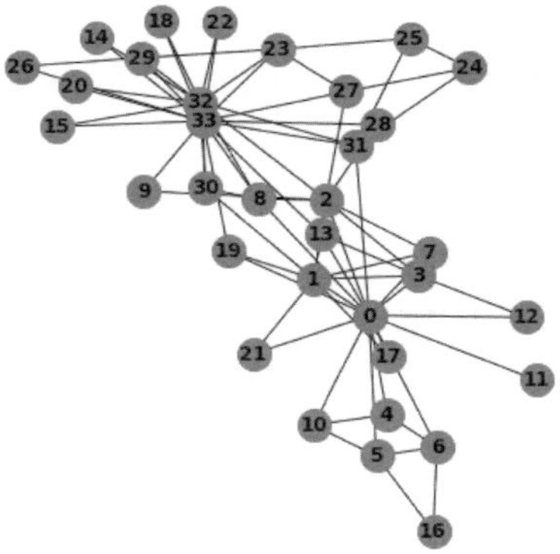

図 8.1 リスト 8.1 の出力結果

8 2 リンク予測

リンク予測 (link prediction) には、以下の 2 種類があります。

(1) 時間変化するネットワークにおいて、将来追加される辺を予測する
(2) 一部が欠損しているネットワークにおいて、欠損している辺を予測する

ここでは仮に、Zachary's karate club ネットワークが時間変化するものであるとして、次にどのような辺が追加される可能性が高いかを考えてみましょう。

リスト 8.2 では、辺で結ばれていないすべての 2 頂点間について、先に述べた 4 つの頂点間類似度を計算し、タプル (頂点 1，頂点 2，頂点間類似度の値) のリストで上位 10 件を表示しています。

すべての 2 頂点の組について、頂点間に辺がない場合に、common_neighbors・jaccard_coefficient・adamic_adar_index・preferential_attachment によって 4 つの類似度を計算します。それぞれについて (頂点 1 ，頂点 2，頂点間類似度の値) からなるタプルを類似度のリストである CN、JC、AA、PA に入れる処理を繰り返したあとに、タプルの第 3 要素である類似度の降順にリストをソートして表示しています。頂点間類似度によって結果は異なりますが、どの類似度でも上位にくるものも多くみられます。

リスト 8.2　頂点間の類似度によるリンク予測

```
1  import networkx as nx
2  import matplotlib.pyplot as plt
3
4  CN = []
5  JC = []
6  AA = []
7  PA = []
```

```
8  k = 10
9  G = nx.karate_club_graph()
10 plt.figure(figsize=(5, 5))
11 nx.draw_spring(G, node_size=400, node_color="red", with_labels=True,
   font_weight='bold')
12 n = nx.number_of_nodes(G)
13 for x in range(n):
14   for y in range(x+1, n):
15     if not(G.has_edge(x, y)):
16       CN.append(tuple([x, y, len(list(nx.common_neighbors(G, x, y)))]))
17       JC.append(list(nx.jaccard_coefficient(G, [(x, y)]))[0])
18       AA.append(list(nx.adamic_adar_index(G, [(x, y)]))[0])
19       PA.append(list(nx.preferential_attachment(G, [(x, y)]))[0])
20 print("common neighbors")
21 print(sorted(CN, key=lambda x:x[2], reverse=True)[:k])
22 print("Jaccard coefficient")
23 print(sorted(JC, key=lambda x:x[2], reverse=True)[:k])
24 print("Adamic/Adar")
25 print(sorted(AA, key=lambda x:x[2], reverse=True)[:k])
26 print("preferential attachment")
27 print(sorted(PA, key=lambda x:x[2], reverse=True)[:k])
```

```
1 common neighbors
2 [(2, 33, 6), (0, 33, 4), (7, 13, 4), (0, 32, 3), (1, 8, 3), (1, 33, 3),
  (2, 30, 3), (2, 31, 3), (4, 5, 3), (6, 10, 3)]
3 Jaccard coefficient
4 [(14, 15, 1.0), (14, 18, 1.0), (14, 20, 1.0), (14, 22, 1.0), (15, 18,
  1.0), (15, 20, 1.0), (15, 22, 1.0), (17, 21, 1.0), (18, 20, 1.0), (18,
  22, 1.0)]
5 Adamic/Adar
6 [(2, 33, 4.719381261461351), (0, 33, 2.7110197222973085), (1,
  33, 2.252921681630931), (4, 5, 1.9922605072935597), (6, 10,
  1.9922605072935597), (7, 13, 1.8081984819901584), (2, 31,
  1.6733425912309228), (23, 31, 1.6656249548734432), (23, 24,
  1.631586747071319), (0, 32, 1.613740043014111)]
7 preferential attachment
```

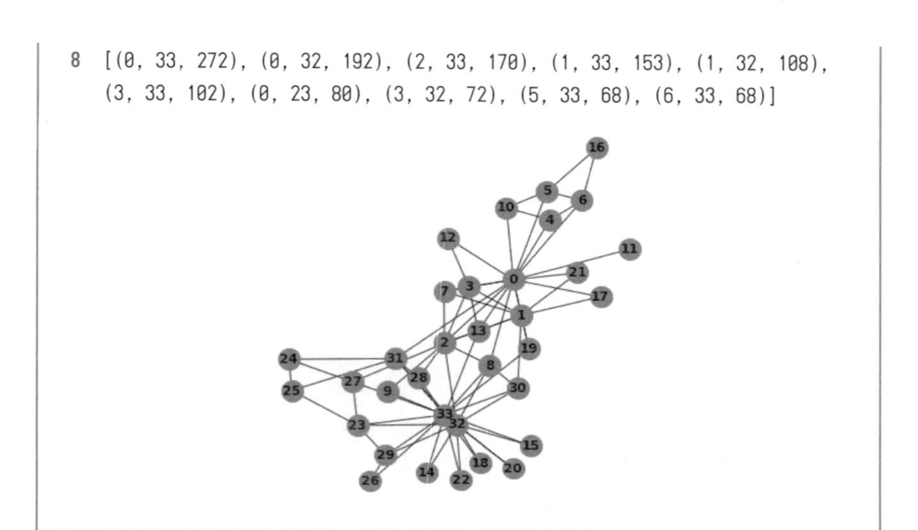

図 8.2　リスト 8.2 の出力結果

他にも、リンク予測にはさまざまな手法があります。たとえば、リスト 8.2 のような頂点の類似度に基づく手法においても、頂点の属性を加味するやりかたが考えられます。また、それ以外にも、ネットワークの生成モデルを推定して、それに基づいて行われるリンク予測も研究されています。

8 3 network embedding によるリンク予測

前節では、4 つの頂点間類似度を用いてリンク予測を行いましたが、頂点間の類似度を求める方法は他にもあります。近年、**network embedding**（graph embedding）と呼ばれる手法を用いたリンク予測手法が盛んに研究されています。

network embedding とは、ネットワークの各頂点をベクトル表現に変換するものです。その際、ネットワーク上で近い頂点がベクトル表現でも近くなるようにします（**図 8.3**）。平面上にネットワークを可視化するために、各頂点の2次元座標を定めることも network embedding といえますが、一般には、2次元に限りません。

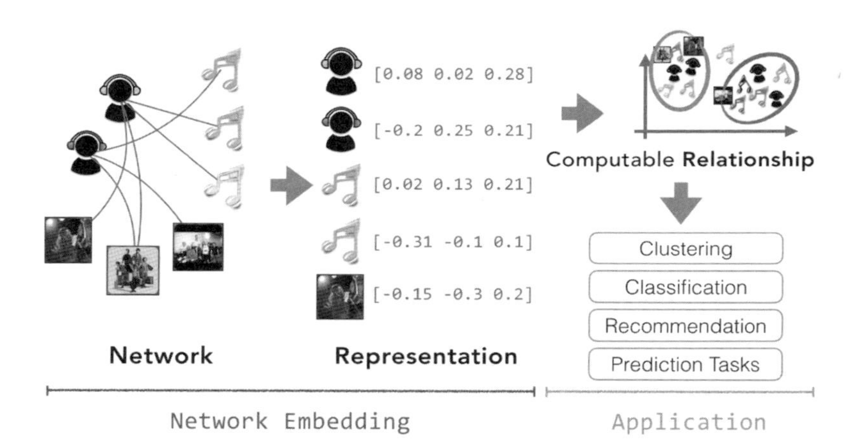

図 8.3 Network embedding[†13]

network embedding によって、ネットワークの構造をいわば破壊してベクトル表現に変換する理由としては、以下のものが考えられます。

- 機械学習手法の多くがベクトル表現を対象としているため、ネットワークをベクトル表現に変換することによって、それらを活用できる
- ネットワークには、構造情報だけではなく、各頂点の属性情報もある（たとえば社会ネットワークであれば、それぞれの人の年齢や性別など）。構造情報をベクトル表現に変換すれば、両者を加味した頂点間類似度を求めることが容易である
- 近年、盛んになってきている深層学習において、ニューラルネットワークへの入力や出力としてベクトル表現が適している

† 13 awesome network embedding（https://github.com/chihming/awesome-network-embedding）より引用

リスト 8.3 では、Zachary's karate club ネットワークの各頂点を 2 次元のベクトル表現に変換して可視化する例を示します。ベクトル表現に変換する手法は数多くありますが、ここでは **word2vec** をベースにします。

Word2vec は、自然言語処理において、各単語の類似度をベクトル表現に変換する手法のことです。自然言語の文では単語が一列に並んでおり、word2vec は、類似する単語に対応するベクトルが近接するよう、各単語をベクトル表現に変換します。**DeepWalk** はこれを応用して、ネットワーク上の各頂点からランダムウォークを繰り返し行うことで、頂点の列を生成します。その列を word2vec の入力とすることによって、ネットワーク上で近い頂点に対応するベクトルが近接するようなベクトル表現を得ます。

なお、リスト 8.3 のプログラムでは、word2vec を含むパッケージである gensim [†14] を用いています。ネットワークのランダムウォークをする make_random_walks を関数として定義しています。第 1 引数はネットワーク、第 2 引数はランダムウォークの回数、第 3 引数はランダムウォークの長さです。その関数を用いて各頂点から長さ 20 のランダムウォークを 100 回行い、word2vec によって各頂点のベクトル表現を得ています。そのあとに各頂点の X 座標と Y 座標を取り出し、さらにその頂点が Zachary's karate club ネットワークの 2 つの派閥のどちらに属するかによって赤か青の色を割り当てて、その頂点を 2 次元平面状にプロットしています。

リスト 8.3　Zachary's karate club ネットワークの network embedding

```
1  import networkx as nx
2  import matplotlib.pyplot as plt
3  import random
4  from gensim.models import Word2Vec as word2vec
5
6  def make_random_walks(G, num_of_walk, length_of_walk):
7    walks = list()
```

† 14　https://radimrehurek.com/gensim/models/word2vec.html

```
8     for i in range(num_of_walk):
9       node_list = list(G.nodes())
10      for node in node_list:
11        current_node = node
12        walk = list()
13        walk.append(str(node))
14        for j in range(length_of_walk):
15          next_node = random.choice(list(G.neighbors(current_node)))
16          walk.append(str(next_node))
17          current_node = next_node
18        walks.append(walk)
19    return walks
20
21  G = nx.karate_club_graph()
22  walks = make_random_walks(G, 100, 20)
23  model = word2vec(walks, min_count=0, size=2, window=5, workers=1)
24
25  x = list()
26  y = list()
27  node_list = list()
28  colors = list()
29  fig, ax = plt.subplots()
30  for node in G.nodes():
31    vector = model.wv[str(node)]
32    x.append(vector[0])
33    y.append(vector[1])
34    ax.annotate(str(node), (vector[0], vector[1]))
35    if G.nodes[node]["club"] == "Officer":
36      colors.append("r")
37    else:
38      colors.append("b")
39  for i in range(len(x)):
40    ax.scatter(x[i], y[i], c=colors[i])
41  plt.show()
```

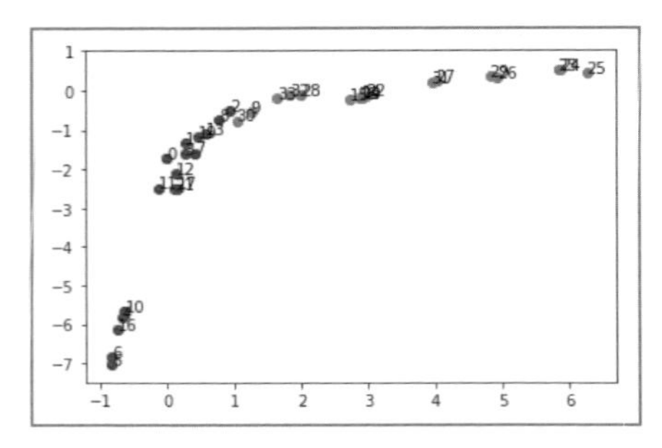

図 8.4　リスト 8.3 の出力結果

実行結果における頂点の色は、Zachary's karate club ネットワークの派閥（Mr. Hi、または Officer）を表しています。ネットワーク上でのランダムウォークを行っているため、実行するたびに結果が異なりますが、同じ派閥に属する頂点が比較的近接して配置されていることがわかります。実際に何度か実行してみてください。

この DeepWalk によって得られた network embedding を用いて、リンク予測を行います。**リスト 8.4** では、各頂点を 5 次元ベクトルで表して、2 頂点のベクトルのユークリッド距離の小さい順に頂点間類似度が高いとして出力しています。先のリスト 8.3 と同様に、関数 make_random_walks を定義し、各頂点から長さ 20 のランダムウォークを 100 回行って、それをもとに word2vec の size で指定した次元数（5 次元）での各頂点のベクトル表現を得ます。そのあとに、すべての 2 頂点の組について、頂点間に辺がない場合にその頂点間のユークリッド距離を求めて、（頂点 1，頂点 2，距離）のタプルをリスト DW に追加する処理を繰り返します。最後に、第 3 要素の距離の昇順にタプルをソートして表示しています。

リスト 8.4　network embedding によるリンク予測

```
1  import networkx as nx
2  import matplotlib.pyplot as plt
3  import numpy as np
4  import random
```

```
 5  from gensim.models import Word2Vec as word2vec
 6
 7  def make_random_walks(G, num_of_walk, length_of_walk):
 8    walks = list()
 9    for i in range(num_of_walk):
10      node_list = list(G.nodes())
11      for node in node_list:
12        current_node = node
13        walk = list()
14        walk.append(str(node))
15        for j in range(length_of_walk):
16          next_node = random.choice(list(G.neighbors(current_node)))
17          walk.append(str(next_node))
18          current_node = next_node
19        walks.append(walk)
20    return walks
21
22  G = nx.karate_club_graph()
23  walks = make_random_walks(G, 100, 20)
24  model = word2vec(walks, min_count=0, size=5, window=5, workers=1)
25
26  vlist = list()
27  for node in G.nodes():
28    vector = model.wv[str(node)]
29    print("%s:"%(str(node)), end="")
30    print(vector)
31    vlist.append(vector)
32
33  DW = []
34  k = 10
35  n = nx.number_of_nodes(G)
36  for x in range(n):
37    for y in range(x+1, n):
38      if not(G.has_edge(x, y)):
39        DW.append(tuple([x, y, np.linalg.norm(vlist[x]-vlist[y])]))
40  print("link prediction based on network embedding")
41  print(sorted(DW, key=lambda x:x[2], reverse=False)[:k])
```

```
1  0:[ 1.9262009  -0.97391474 -1.5780225  -0.6768524   0.27893603]
2  1:[ 1.1401216  -0.51176393 -1.6765639  -3.0480227  -0.39148965]
3  2:[-0.81645596 -0.27129555  0.8684356  -1.3294166   2.0509076 ]
4  3:[ 0.8958748  -0.96452755 -1.8337401  -2.1851923   2.6216478 ]
5  4:[ 2.026729   -3.9000497   0.3570405  -0.08448713 -1.5885634 ]
6  5:[ 1.9509414  -3.8607786   1.5593853   0.96207005 -0.555641  ]
7  6:[ 2.6632047 -3.3482692  0.9017333  1.8129302  1.4843978]
8  7:[-0.9744309  -2.5268536  -0.08632508 -2.5542269   2.2835367 ]
9  8:[-0.30613133 -0.7306187   0.6684907  -2.2747002  -0.88068587]
10 9:[-0.99471843  0.6181346   1.1681486  -2.8485284   1.5320294 ]
11 10:[ 3.1997805  -2.690797   -0.90037256  1.2358944   1.9351652 ]
12 11:[ 0.88727325 -2.8980467  -0.97613734 -0.24624111  0.87145317]
13 12:[ 0.04246315 -3.3849564  -0.91633785 -1.4047904   2.673323  ]
14 13:[-0.9558294 -1.5236586  0.3510434 -1.9999788  1.420069 ]
15 14:[ 0.10917377 -0.33944055  3.3522146  -1.0601796  -1.0085368 ]
16 15:[ 0.13184227 -0.30707645  3.442186   -1.0762442  -0.8877392 ]
17 16:[ 3.9173386 -2.8924425  0.8494952  1.549359   -0.6017869]
18 17:[-0.23052368 -3.7173982  -0.52158254 -2.3206139   0.18193135]
19 18:[ 0.49335203 -0.14944285  3.446146   -1.0800414  -1.1827605 ]
20 19:[-0.86247736 -1.8616215   0.8603396  -1.4412991  -0.4262786 ]
21 20:[ 0.29938406 -0.25348595  3.3889368  -0.98118883 -0.812077  ]
22 21:[-0.3047582  -4.079672   -0.44132635 -1.8147709   0.44109017]
23 22:[ 0.20766331 -0.40695524  3.3477523  -0.96926564 -1.049037  ]
24 23:[1.062865  0.3924934 4.326658  0.6418273 1.620448 ]
25 24:[1.4562278  0.29843462 2.3709679  0.63478553 3.6089735 ]
26 25:[ 4.019461    2.0632353   0.27662843 -0.03763774  2.4113235 ]
27 26:[ 2.2582607   1.4058044   4.430828   -0.3317832  -0.06396441]
28 27:[ 1.9974556   1.864277    0.07110017 -1.220931    1.9734529 ]
29 28:[ 0.42520285  0.8532786   0.52926385 -1.0304519   1.6615841 ]
30 29:[ 3.9951873  2.3135498  1.9673264 -1.2076564 -1.0709857]
31 30:[-1.2725495  -1.5021178   2.0520658  -1.9117383  -0.70682925]
32 31:[ 0.5986853  -0.00465426  1.6809764   0.14695561  2.4938495 ]
33 32:[ 0.94405323  1.6536055   1.5757822  -2.5008235  -0.48738405]
34 33:[ 0.8807529   1.2193277   0.81139445 -1.4949977   0.05900966]
35 link prediction based on network embedding
```

```
36 [(14, 22, 0.15551187), (14, 15, 0.15654494), (15, 20, 0.22031339),
   (15, 22, 0.24920622), (14, 20, 0.29958752), (20, 22, 0.29992312), (18,
   22, 0.43331885), (18, 20, 0.4459815), (14, 18, 0.47250772), (15, 18,
   0.4925498)]
```

図 8.5 リスト 8.4 の出力結果

練習問題 8

(i) 以下の頂点間の類似度について、それぞれの短所を答えなさい。

(a) common neighbors

(b) Jaccard coefficient

(c) Adamic/Adar

(d) preferential attachment

(ii) ネットワーク分析のタスクにおいて、network embedding で得られたベクトル表現で実行できるものと、もとのネットワーク構造がないと困難なものについて例を挙げなさい。

病気や口コミの広がりをモデル化する

感染、情報伝搬

病気が感染するプロセスをモデル化することによって、爆発的感染を防ぐための指針などが得られる可能性があります。また、ソーシャルメディアなどでの口コミの情報伝搬をモデル化することによって、限られた広告予算でなるべく多くの人に情報を拡散するための戦略を見出すことが期待できます。

本章では、そのようなネットワーク上での情報伝搬のモデルを説明します。

9-1 SI model

SI model は、n 人のそれぞれが **Susceptible**(S) か **Infected**(I) かのいずれかであると仮定したモデルです（**図 9.1**）。

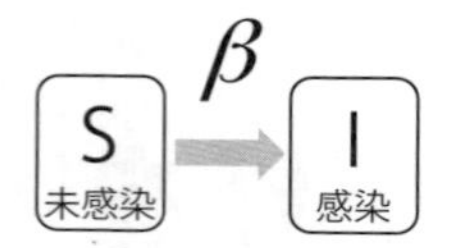

図 9.1　SI model

S は感染していない状態、I は感染している状態を表しています。時刻 t における S の人数を $S(t)$、I の人数を $X(t)$、単位時間当たりに接する人数を β とすると、状態 S である確率が $\frac{S}{n}$、状態 I の人ひとりが状態 S の人と接する人数が $\frac{\beta S}{n}$ となります。状態 I の人は X 人いることから、新たに感染する人数は $\frac{\beta SX}{n}$ で表されます。

それぞれの状態の人数の変化は、以下の微分方程式で表されます。

$$\frac{dX}{dt} = \beta \frac{SX}{n}$$

$$\frac{dS}{dt} = -\beta \frac{SX}{n}$$

状態 S、状態 I の割合をそれぞれ $s = \frac{S}{n}$、$x = \frac{X}{n}$ で表すと、以下のようになります。

$$\frac{dx}{dt} = \beta sx$$

$$\frac{ds}{dt} = -\beta sx$$

n人は状態 S か I かのいずれかなので、$S + X = n$です。

したがって、$s + x = 1$であり、$s = 1 - x$を代入すると$\frac{dx}{dt} = \beta(1 - x)x$となります。これを解くと

$$x(t) = \frac{x_0 e^{\beta t}}{1 - x_0 + x_0 e^{\beta t}}$$

となります。ただし、x_0は時刻$t = 0$におけるxの値です。

リスト 9.1 は、この関数の時間変化を表しています。ただし$x_0 = 0.03$とし、βとして 5、8、10 の値を取った場合を示しています。時間が経つにつれて感染者が増大し、βが大きい場合は全員が感染することを示しています。

リスト 9.1 SI model での感染者割合の時間変化

```
1  import matplotlib.pyplot as plt
2  from scipy import optimize, exp
3
4  x = range(100)
5  y = [0] * 100
6  x0 = 0.03
7  b = 5
8  plt.plot(list(map(lambda x: x * 0.01, x)), list(map(lambda x: x0 * exp(b
   * (x * 0.01))/(1 - x0 + x0 * exp(b * (x * 0.01))), x)))
9  b = 8
10 plt.plot(list(map(lambda x: x * 0.01, x)), list(map(lambda x: x0 * exp(b
   * (x * 0.01))/(1 - x0 + x0 * exp(b * (x * 0.01))), x)))
11 b = 10
12 plt.plot(list(map(lambda x: x * 0.01, x)), list(map(lambda x: x0 * exp(b
   * (x * 0.01))/(1 - x0 + x0 * exp(b * (x * 0.01))), x)))
13 plt.show()
```

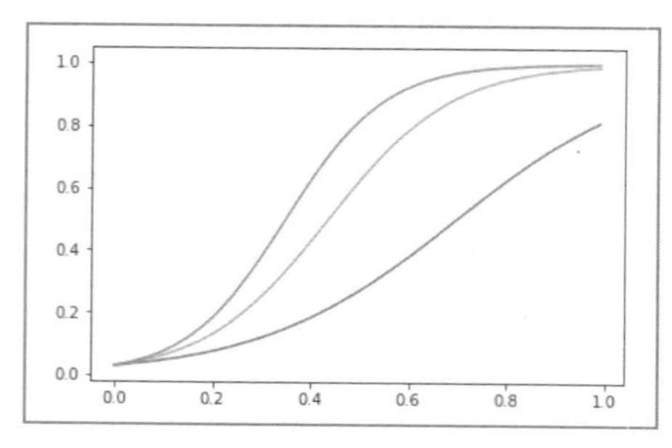

図 9.2　リスト 9.1 の出力結果

しかしながら、実際に病気がこのように感染することはほとんどありません。なぜなら、免疫が働いたり、感染者が死亡したり、隔離されたりすることで、さらなる感染が防止されることが多いからです。

9.2 SIR model

SI model は S と I の 2 つの状態だけだったのに対して、SIR model は、Susceptible(S)、Infected(I)、Recoverd(R) の 3 つの状態を考えます。状態 S の人が感染すると状態 I になり、さらに回復すると状態 R になります（**図 9.3**）。

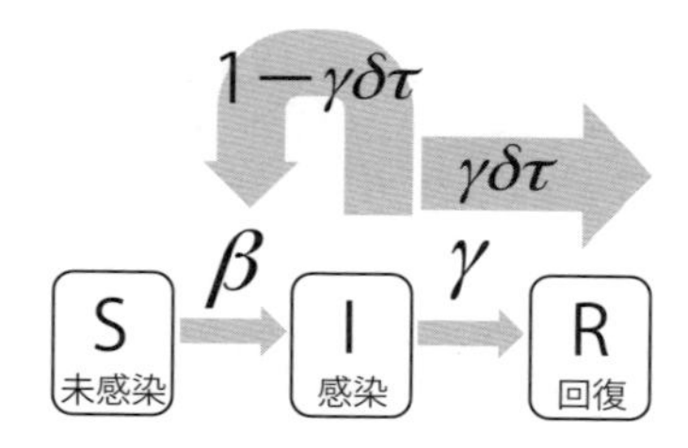

図 9.3　SIR model

単位時間当たりに接する人数を β、感染した人が回復する割合を γ、感染した人が回復までに要する時間をτとします。$\delta\tau$の時間内に回復する確率は$\gamma\delta\tau$、回復しない確率は$1-\gamma\delta\tau$であり、時間τが経っても感染したままである確率は

$$lim_{\delta\tau\to 0}(1-\gamma\delta\tau)^{\tau/\delta\tau}=e^{-\gamma\tau}$$

となります。また、時間τだけ感染していて、τから$\tau+d\tau$の間に回復する確率$p(\tau)d\tau$は、上記の値と$\gamma d\tau$との積で

$$p(\tau)d\tau=\gamma e^{-\gamma\tau}d\tau$$

となり、指数分布となります。

これによると、多くの感染者は感染後すぐに回復しますが、非常に長い期間感染する人も少数いることになります。現実の病気感染では、多くの感染者の感染期間はほぼ同程度なので、このモデルは現実的ではありません。しかし、数学的にシンプルなので、モデル化においてたびたび用いられます。状態 S、I、R にある人の割合s、x、rは以下のように表せます。

$$\frac{ds}{dt}=-\beta sx$$

$$\frac{dx}{dt}=\beta sx-\gamma x$$

$$\frac{dr}{dt}=\gamma x \qquad \text{式 (9.1)}$$

$$s+x+r=1 \qquad \text{式 (9.2)}$$

第 1 式と第 3 式よりxを消去すると、$\frac{1}{s}\frac{ds}{dt}=-\frac{\beta}{\gamma}\frac{dr}{dt}$となり

$$s=s_0e^{-\beta r/\gamma} \qquad \text{式 (9.3)}$$

となります。ただしs_0は時刻$t=0$におけるsの値です。

式 (9.1) と式 (9.2) と式 (9.3) から、$\dfrac{dr}{dt} = \gamma(1 - r - s_0 e^{-\beta r/\gamma})$ となりますが、解析的に解くのは困難であり、数値的に解くのが一般的です。

9-3 NDlib によるシミュレーション

NDlib はネットワークにおける感染のシミュレーションを行うための Python ソフトウェアパッケージです。

感染のシミュレーションは、数学・物理学・生物学・コンピュータサイエンス・社会科学などにおいてニーズがあると考えられます。NDlib は NetworkX をベースにしたものであり、以下の URL からダウンロードできます。

https://ndlib.readthedocs.io/en/latest/index.html

NDlib は、社会ネットワーク・生物ネットワーク・インフラネットワークにおける感染ダイナミクスを学ぶツールとして、また 多くの応用に適した感染モデルの標準的なプログラミングインターフェースを目指して作られたものです。

今回は、SIR model における各状態の割合が時間を追って変化する過程を、NDlib を用いてシミュレーションします。シミュレーションにおける入力は以下の 4 種類です。

(1) 対象とするネットワーク
(2) x_0（時刻 $t = 0$ における状態 I の割合）
(3) β（状態 S から状態 I に変化する確率）
(4) γ（状態 I から状態 R に変化する確率）

リスト 9.2 は、SIR model のシミュレーションを行うプログラムです。1000 の頂点が確率 $p = 0.1$ でランダムに結ばれたランダムグラフにおいて、パ

ラメータ値を $x_0 = 0.05$、$\beta = 0.001$、$\gamma = 0.01$ と設定して SIR model での感染のシミュレーションを行います。このプログラムでは、1 行目と 2 行目で標準でないライブラリ（NDlib、Bokeh[†15]）のインストールを行ったうえで、パッケージをインポートしています。

リスト 9.2 NDlib による SIR model での感染者数の時間変化

```
1  !pip install -q ndlib
2  !pip install -q bokeh
3
4  import networkx as nx
5  import matplotlib.pyplot as plt
6  import numpy as np
7  import ndlib.models.epidemics as ep
8
9  g = nx.erdos_renyi_graph(1000, 0.1)
10 print(nx.info(g))
11
12 model = ep.SIRModel(g)
13
14 import ndlib.models.ModelConfig as mc
15
16 config = mc.Configuration()
17 config.add_model_parameter('beta', 0.001)
18 config.add_model_parameter('gamma', 0.01)
19 config.add_model_parameter("percentage_infected", 0.05)
20 model.set_initial_status(config)
21
22 iterations = model.iteration_bunch(200)
23 trends = model.build_trends(iterations)
24
25 from bokeh.io import output_notebook, show
26 output_notebook()
27 from ndlib.viz.bokeh.DiffusionTrend import DiffusionTrend
```

† 15 インタラクティブな可視化を行うためのライブラリ。1.3 節および 10.3 節参照。

```
28
29  viz = DiffusionTrend(model, trends)
30  p = viz.plot(width=400, height=400)
31  show(p)
32
33  from ndlib.viz.bokeh.DiffusionPrevalence import DiffusionPrevalence
34  viz2 = DiffusionPrevalence(model, trends)
35  p2 = viz2.plot(width=400, height=400)
36  show(p2)
```

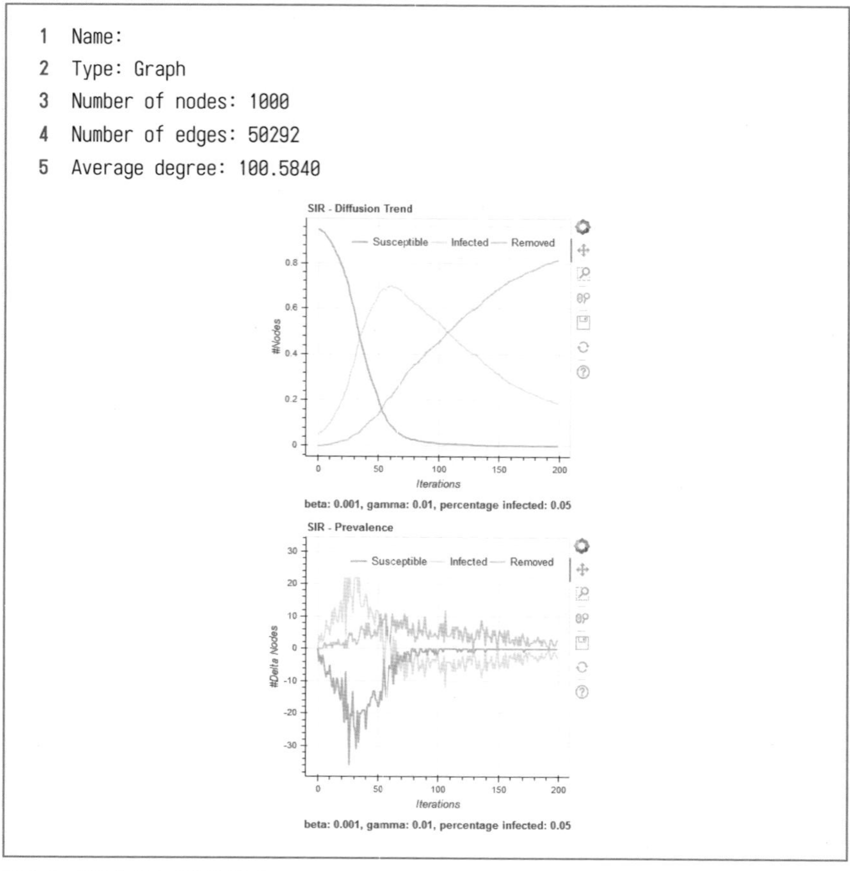

```
1  Name:
2  Type: Graph
3  Number of nodes: 1000
4  Number of edges: 50292
5  Average degree: 100.5840
```


図 9.4　リスト 9.2 の出力結果

図 9.4 の上のグラフは「状態 S の割合 (s)、状態 I の割合 (x)、状態 R の割合 (r) の時間変化」を、下のグラフは「状態 S の割合 (s)、状態 I の割合 (x)、状態 R の割合 (r) の各時刻での増減量」を表しています。X 軸は時間、Y 軸は頂点数 (頂点の増減数) を表しています。

プログラムを実行すると、状態 S の割合が単調に減少し、状態 I の割合が増加して減少に転じ、状態 R の割合が単調に増加していることがわかります。S → I → R の順に状態が変化し、かつ初期状態において大多数が状態 S であることを考えると、このような時間変化になることは妥当であるといえます。

このプログラムにおいて、ネットワーク構造を変えたり、パラメータ値 $x_0 = 0.05$、$\beta = 0.001$、$\gamma = 0.01$を変えたりすることによって、結果が大きく異なる場合があります。たとえば、直径の値が大きい (細長い) ネットワーク構造においては、感染に非常に時間がかかったり、途中で感染が止まったりする場合があることがわかります。

9.4 その他の感染モデル

SI model と SIR model について述べましたが、感染モデルについては、この他にもさまざまなバリエーションが考えられます。たとえば、以下の 2 つがあります。

- SIS model
- SIRS model

SIS model は、状態 S から状態 I になったあとに状態 S に戻るモデルです。また、SIRS model は、状態 S、状態 I、状態 R になったあとに、さらに状態 S に戻るモデルです。これらのモデルにおいても、先の SIR model でのシミュレーションと同じように、ネットワーク構造およびパラメータによって振る舞いが大きく異なってきます。複雑なモデルほど説明できる現象が増えることが多いのですが、その反面、パラメータが多くなったり、一般性が失われたりします。

感染モデルのシミュレーションの詳細については、NDlib の Tutorial[†16] に記載されています（英文）。

† 16 https://ndlib.readthedocs.io/en/latest/tutorial.html

練習問題 9

(i) SI model と SIR model の違いを答えなさい。

(ii) NDlib による SIR model の感染のシミュレーションにおいて、パラメータ x_0 、β、γ が同じであっても、対象とするネットワークの構造が異なるとシミュレーション結果が大きく異なることがあります。結果が大きく異なるようなネットワークの例と、それらにおけるシミュレーション結果を示しなさい。

ネットワークを俯瞰する
可視化による分析

ネットワーク構造を２次元平面上に描くことによって、どのようなグループがいくつあるかを見出したり、特徴的な頂点を見つけたりすることができます。ネットワークの可視化は情報可視化の分野で数多くの試みがなされています。

本章では、それらのなかでも基本的なものを紹介します。

10-1 静的なネットワーク可視化

ネットワークを**可視化**することによって、全体の構造や個々の頂点、辺の特性に気がつくことがしばしばあります。しかしながら、頂点を適切に配置しないと、辺が重なり合った団子状態の可視化結果になってしまい、分析に役に立ちません。可視化に当たっては、このような問題を回避する必要があります。

ネットワークを2次元平面上に可視化するに当たって、どのような可視化をよいとするかは自明ではありません。たとえば、静的なネットワークの可視化においては、以下のような描画規則（制約）が求められることが多くあります。

- 隣接している頂点同士を近くに配置する
- 頂点は近づけ過ぎないように配置する
- 辺の長さを一定にする
- 対称性を示す
- 与えられたスペースに頂点を一様に分布させる
- 辺の交差を最小にする
- 辺の折れ曲がりを避ける

これらの制約のなかには互いに背反するものもあり、一般に、すべての制約を満たす可視化を実現することは困難です。とはいえ、できるだけ多くの制約を満たしたうえで、見やすい可視化を得るさまざまな手法が提案されています。以下では、NetworkXにおいて実装されているネットワーク可視化手法として、代表的な4つについて述べます。

(1) バネ配置（spring layout）
(2) スペクトラル配置（spectral layout）
(3) 円周配置（circular layout）
(4) ランダム配置（random layout）

(1) バネ配置

前述した制約の多くを満たす可視化を実現する方法として、しばしば用いられます。これは頂点間を結ぶ辺をバネに見立てたものであり、**力指向配置**（force-directed placement）と呼ばれたり、あるいは**バネモデル**と呼ばれたりすることもあります。

頂点間を結ぶ辺は自然長になるよう両端の頂点に引力または斥力を与え、また辺で結ばれていない頂点同士が重ならないよう斥力を与えます。各頂点がこれらの力によって移動していき、最終的に安定した状態になったものを可視化結果とします。

(2) スペクトラル配置

ネットワークに対応する隣接行列Aとその次数対角行列Dから求められるグラフラプラシアン$L = D - A$の、最も大きい固有値2つに対応する固有ベクトルを求めて、そのベクトルを用いて頂点を配置するものです。**スペクトラルな埋め込み**（spectral embedding）とも呼ばれます。これにより、辺で結ばれた頂点が近接して配置されます。

(3) 円周配置

頂点を円周上に等間隔に配置するものです。ネットワークの規則性や対称性を反映した可視化になることがあります。また、すべての辺が円の内部に配置されるため、限られたスペースでネットワークの粗密を表現することができます。

(4) ランダム配置

頂点をランダムに配置するものです。ここでは、他の可視化手法と比較するために示しています。

リスト 10.1 は、Zachary's karate club ネットワークと grid グラフ[†17] を、上記の 4 つの手法で可視化した結果を示しています。

リスト 10.1　バネ配置、スペクトラル配置、円周配置、ランダム配置によるネットワーク可視化

```
 1  import networkx as nx
 2  import matplotlib.pyplot as plt
 3
 4  karate = nx.karate_club_graph()
 5  plt.subplot(241)
 6  nx.draw_spring(karate, node_size=10, node_color='red')
 7  plt.subplot(242)
 8  nx.draw_spectral(karate, node_size=10, node_color='red')
 9  plt.subplot(243)
10  nx.draw_circular(karate, node_size=10, node_color='red')
11  plt.subplot(244)
12  nx.draw_random(karate, node_size=10, node_color='red')
13
14  grid = nx.grid_graph(dim=[8,8])
15  plt.subplot(245)
16  nx.draw_spring(grid, node_size=10, node_color='red')
17  plt.subplot(246)
18  nx.draw_spectral(grid, node_size=10, node_color='red')
19  plt.subplot(247)
20  nx.draw_circular(grid, node_size=10, node_color='red')
21  plt.subplot(248)
22  nx.draw_random(grid, node_size=10, node_color='red')
```

† 17　頂点が格子状に配置され、各頂点が上下左右の頂点と辺で結ばれたグラフ構造。

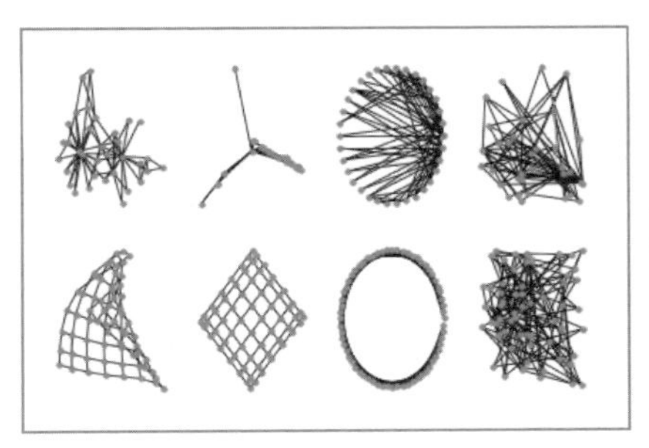

図 10.1 リスト 10.1 の出力結果

図 10.1 を見てわかるように、一般にはバネ配置を用いることで見やすい配置となることが多いのですが、grid グラフのようにうまくいかない場合もあります。これはバネ配置が、頂点間の引力や斥力という局所的な関係だけを用いて配置を行っており、局所解に陥ってしまう場合があるからです。

スペクトラル配置は少ない次元で表現できる（規則性のある）ネットワークにおいてよい可視化が得られることがありますが、周辺部に比べて中心部が引き離された可視化になります。円周配置は辺の粗密や規則性を見ることができますが、ネットワーク全体の構造を見るのには不向きです。また、ランダム配置でよい可視化を得られることは稀であるといえます。

10.2 インタラクティブなネットワーク可視化

前節では静的なネットワーク可視化について述べましたが、ネットワークの分析では、全体像を把握するだけでなく、細部についても調べたくなることがたびたびあります。そのようなときに有用な、インタラクティブな可視化について考えてみましょう。

ネットワークにかぎらず、一般に、情報可視化における代表的かつ有名なインタラクション手順として、B. Shneiderman 氏によって提唱された

Visual Information-Seeking Mantra が挙げられます。

“Overview first, zoom and filter, then details-on-demand”

すなわち、まず全体を概観し、特定の部分に注目して不要な情報を除いたのち、必要に応じて詳細を見ていくという手順のことです。

ネットワークの可視化における手順は、対象とするネットワークが表す内容によっても異なってきますが、先の Visual Information-Seeking Mantra に沿ったものになることが多いと考えられます。もちろん、全体から部分の順に分析するとはかぎらず、必要に応じて逆に全体の俯瞰に戻ったり、他の部分に注目したりと、さまざまな可能性があります。たとえば、以下のような分析のしかたが考えられます。

- ネットワーク全体を俯瞰し、特徴（対称性、階層性など）を見出す
- グループやその大きさ、また、グループ同士の関係を見出す
- 特徴的な部分（中心や周辺、孤立点など）や、その周辺を観察する
- ネットワーク内の経路や連結性、ボトルネックなどを見る

可視化結果をふまえて分析をさらに進めるためには、連結性（3.4 節）、頂点の中心性（第 4 章）、コミュニティ抽出（第 6 章）、など、これまで学んできたあらゆる要素が重要であるのはもちろんのことです。

10-3 本書で使用した可視化ツール

インタラクティブなネットワーク可視化ツールとして、この本では NetworkX と組み合わせることができる Matplotlib や Bokeh を用いました。1.3 節で説

明していますが、改めてそれぞれの特性を述べます。また、その他のツールについても簡単に言及します。

1　Matplotlib

Matplotlib は、おもに 2 次元の科学計算に用いられるグラフ描画ライブラリです。Python の計算結果の可視化に非常によく使われています。出力結果が画像であるため、インタラクティブな操作はできません。

本書内の多くのプログラムにおいて使用されています。

2　Bokeh

Bokeh は、インタラクティブな可視化ライブラリで、ネットワークの一部をドラッグして拡大縮小したりすることが可能です。しかし、NetworkX との連携がサポートされはじめたのは 2017 年であり、有向グラフの可視化ができるようになったのもごく最近であるなど、2019 年現在、ネットワーク可視化の観点からはまだ発展途上であるように見受けられます。

本書内では、第 9 章の感染モデルのプログラムにおいて使用しています。Colabolatory の標準ライブラリではないので、使用する場合はリスト 9.2 のように、プログラムの冒頭でインストールしてから使用してください。

3　その他の可視化ツール

NetworkX で使えるライブラリ以外のネットワーク可視化ツールとしては、**Gephi** が挙げられます。マウスによる個々の頂点の移動やホイールマウスによる拡大・縮小などが簡単にできて、非常に使いやすいツールです。NetworkX でネットワークを GEXF フォーマットで出力し、そのファイルを Gephi で開くことによって、Gephi を可視化ツールとして利用することができます。

リスト 10.2 は、Zachary's karate club ネットワークを GEXF フォーマットでローカルファイルに保存するものです。このファイルを Gephi で開けば、拡大・縮小などの操作を容易にすることができます。

リスト 10.2　GEXF フォーマットによるネットワークの出力

```
 1  import networkx as nx
 2  import matplotlib.pyplot as plt
 3  from google.colab import files
 4
 5  G = nx.karate_club_graph()
 6  plt.figure(figsize=(5, 5))
 7  nx.draw_spring(G, node_size=400, node_color="red", with_labels=True,
    font_weight='bold')
 8
 9  str = ''.join(nx.generate_gexf(G))
10  with open('karate.gexf', 'w') as f:
11    f.write(str)
12
13  files.download('karate.gexf')
```

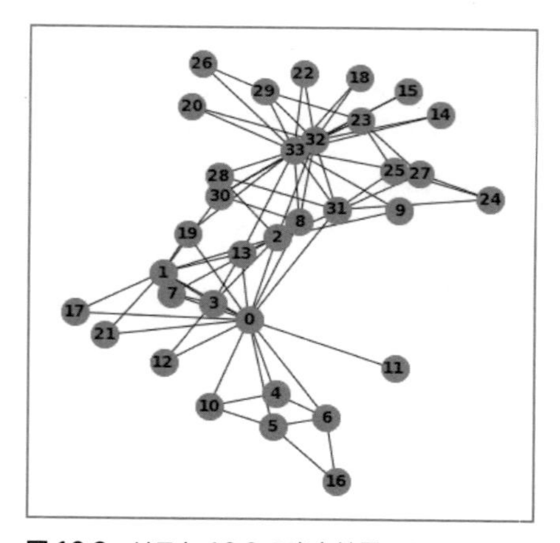

図 10.2　リスト 10.2 の出力結果

練習問題 10

(i) ネットワークを可視化することによって、どのようなことができるか簡潔に答えなさい。

(ii) 可視化が困難なネットワークの例を挙げなさい。

リファレンス

11.1 参考文献

この本の執筆に当たって、多くの書籍や Web 上の情報を参考にさせていただきました。

第 3〜7 章については、以下の情報を参考にさせていただきました。

[1] M. Newman「Networks Second Edition」Oxford University Press (2018)

[2] D. Easley and J. Kleinberg「Networks, Crowds, and Markets」Cambridge University Press (2010)
邦訳：浅野孝夫、浅野泰仁（訳）「ネットワーク・大衆・マーケット」共立出版 (2013)

[3] A. L. Barabasi「Network Science」Cambridge University Press (2016)
邦訳：池田裕一、井上寛康、谷澤俊弘（訳）「ネットワーク科学」共立出版 (2019)

[4] G.Caldarelli and M. Catanzaro「Networks: A Very Short Introduction」Oxford University Press (2012)
邦訳：高口太朗（訳）「ネットワーク科学」丸善出版 (2014)

[5] 増田直紀、今野紀雄「複雑ネットワーク」近代科学社 (2010)

[6] 鈴木努「ネットワーク分析 第 2 版」共立出版 (2017)

[7] D. Zinoviev「Complex Network Analysis in Python」Pragmatic Bookshelf (2018)

[8] J. Torrents「Social Network Analysis with Python and NetworkX」https://pydata.org/barcelona2017/schedule/presentation/7/ (2017)

第 8 章については、次の情報を参考にさせていただきました。

[9] 鹿島久嗣「ネットワーク構造予測」人工知能学会誌、Vol.22、No.3、pp.344-351（2007）
[10] A. Sadraei「Link Prediction Algorithms」 http://be.amazd.com/link-prediction/（2014）
[11] 竹（netres）「DeepWalk を実装してみた」 https://netres-bigdata.hatenablog.com/entry/2018/07/06/042240（2018）

第 9 章については、以下の情報を参考にさせていただきました。

[12] G. Rossetti et al.「Network Diffusion Library」 https://ndlib.readthedocs.io/en/latest/（2018）

第 10 章と第 2 章（可視化）については、以下の情報を参考にさせていただきました。

[13] 杉山公造「グラフ自動描画法とその応用」コロナ社（1993）
[14] 髙間康史「情報可視化」森北出版（2017）
[15] 伊藤貴之「意思決定を助ける 情報可視化技術」コロナ社（2018）
[16] 脇田建「複雑系ネットワークの可視化」オペレーションズ・リサーチ、Vol.63、No.1、pp.13-19（2018）
[17] C. G. Aksakalli「Network Centrality Measures and Their Visualization」 https://aksakalli.github.io/2017/07/17/network-centrality-measures-and-their-visualization.html（2017）

11.2 ネットワークデータ

ネットワーク分析の対象となるネットワークデータの多くは、Web 上に公開されています。この本では、以下のものを参考にさせていただきました。

なお、この本で使用しているデータは、2019 年 4 月現在のものです。

[18] Mark Newman「Network Data」
http://www-personal.umich.edu/~mejn/netdata/
[19]「Stanford Large Network Dataset Collection」
http://snap.stanford.edu/data/
[20]「Network Repository」
http://networkrepository.com/
[21]「KONECT (the Koblenz Network Collection)」
http://konect.uni-koblenz.de/

11.3　ネットワーク分析の関連情報

ネットワーク分析の関連情報を掲載しているWebサイトを紹介します。今後の学習の資としてください。

以下のサイトは、ネットワーク分析に関する書籍、会議、データセット、論文、ソフトウエアなどを幅広くカバーしているリンク集です。

[22]「Awesome Network Analysis」
https://github.com/briatte/awesome-network-analysis

以下のサイトは、NetSciなどのネットワーク科学に関する会議の情報などを掲載しています。

[23]「The Network Science Society」
https://netscisociety.net/home

11.4　本書の追加情報

本書の追加情報などは、以下のサイトに掲載していきます。

https://atarum.github.io/

練習問題解答

練習問題 1

(i) (a) がインターネット、(b) が社会ネットワークです。

(ii) (a) と (b) からは、それぞれ以下のような特徴が読み取れます。

- 次数（各頂点からの辺の本数）：(a) 少数の頂点から多数の辺が出ている (b) 辺が多い頂点と少ない頂点が混在している
- 距離：(a) 短い距離でほとんどの頂点に到達可能である (b) 距離が離れている頂点もある
- 三角形（3 つの頂点が辺で結ばれたもの）：(a) は少なく (b) は多い

社会ネットワークにおいては、友だちが多い人も少ない人もいて、そのうえ 2 人の間の距離もさまざまです。また「友だちの友だちは友だち」ということも多いため、ネットワーク中に三角形が数多く存在します。一方、インターネットにおいてはなるべく短い時間で通信する必要があるため、少数のハブとなるルータが他の多くと結合する構造になり、ハブを介した短い距離で頂点同士がつながっています。また、三角形が含まれている必要性は（故障に対する頑強性などを考える場合を除いて）あまりありません。このように、ネットワークの構造から、それがどんなネットワークであるかを推定することができます。

練習問題 2

(i) 他のネットワークデータを用いて、各自で第 2 章の各プログラムを実行し、確認してください。

(ii) 分析にあたって注目すべき構造の特徴としては、以下のものが考えられます。

(a) 中学生の友人関係のネットワーク：中心となっている頂点、孤立している頂点、密に結合したグループ（コミュニティ）の数や大きさなど

(b) 大都市の鉄道網：ネットワークの連結性（頂点間を結ぶパスが存在

するか否か）、頂点間のパスの長さなど

(c) 動物の食物連鎖：ネットワークの階層性（捕食される動物、捕食する動物、さらにそれを捕食する動物）、どの動物が繁殖・絶滅したらどの動物に影響するかなどの依存関係

練習問題 3

(i) ${}_9C_3 = 84$

(ii) **リスト A.1** を参照してください。(a) と (b) の 2 通りの手法で求めていますが、どちらの方法でも答えは 45 になります。

(a) NetworkX の関数 triangles を用いて各頂点の三角形の数を求め、その和を 3 で割る（1 つの三角形が 3 頂点で 3 回カウントされているから）

(b) 隣接行列Aの 3 乗A^3の対角成分の和を 6 で割る（1 つの三角形（ABC）が、ABC、ACB、BAC、BCA、CAB、CBA の 6 回カウントされているから）

リスト A.1 ネットワークに含まれる三角形の数を数えるプログラム

```
1  import networkx as nx
2  import matplotlib.pyplot as plt
3  import numpy as np
4
5  G = nx.karate_club_graph()
6  print("n =", nx.number_of_nodes(G))
7  print("m =", nx.number_of_edges(G))
8  plt.figure(figsize=(6, 6))
9  nx.draw_spring(G, node_size=400, node_color='red', with_
   labels=True, font_weight='bold')
10
11 A= nx.adjacency_matrix(G).todense()
12
13 print("triangles :", int(sum(nx.triangles(G).values())/3))
```

```
14
15 print("triangles :", np.trace(A*A*A)/6)
```

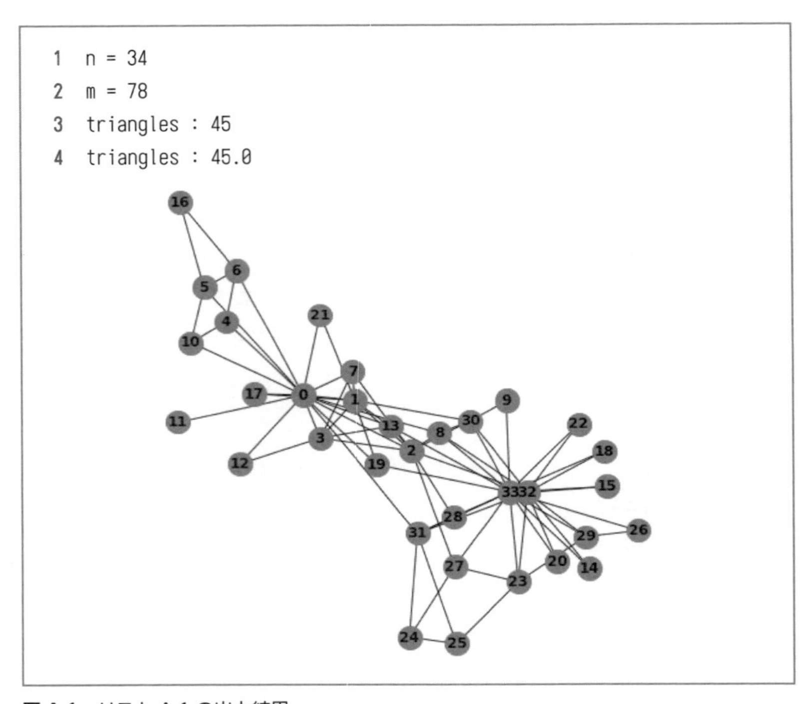

図 A.1 リスト A.1 の出力結果

(iii) さまざまな例が考えられますが、たとえば**リスト A.2** に示すような格子状の grid グラフは、三角形をまったく含みません。

リスト A.2 頂点数が多いのに三角形をまったく含まないネットワーク

```
1 import networkx as nx
2 grid = nx.grid_graph(dim=[4,4])
3 nx.draw_spring(grid, node_size=100, node_color='red')
```

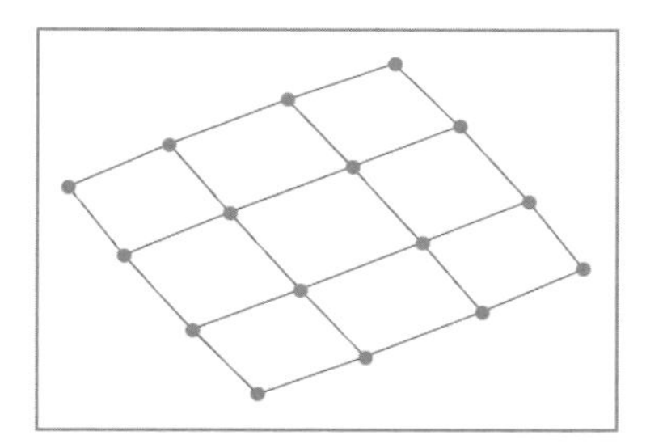

図 A.2 リスト A.2 の出力結果

(iv) 平均次数 c は $c = \frac{1}{n}\sum_{i=1}^{n} k_i = \frac{2m}{n}$ です。グラフの密度は、辺の数を、同じ頂点の数の完全グラフの辺の数で割ったものなので、$\rho = \frac{m}{{}_nC_2} = \frac{2m}{n(n-1)} = \frac{c}{n-1}$ となります。

(v) さまざまな例が考えられますが、たとえば頂点数が 5 以上の完全グラフは、辺を交差させずに平面上に描画することはできません。

練習問題 4

(i) 近接中心性（closeness centrality）

(ii) 次数中心性（degree centrality）、多くの人と接するような人を感染させないようにします。または、媒介中心性（betweenness centrality）、病気が他の集団に伝わるのを食い止めます。

(iii) PageRank、次数中心性（degree centrality）

練習問題 5

(i) ネットワーク中の辺の距離（コスト）が異なる場合の最短経路探索には、幅優先探索ではなくダイクストラのアルゴリズムが用いられます。

(ii) 辺の距離（コスト）が負であるものが含まれているネットワーク。ダイクストラのアルゴリズムは、実行時に経路長の見積りのなかで最短のものを確かな見積りとみなし、その頂点を経由して隣接する頂点に至る経路の距離を計算しています。そのため、もし距離（コスト）が負である辺が含まれていたら、「最短の見積りを確かな見積りとみなす」のが正しくなくなってしまうためです。

練習問題 6

(i) ネットワーク分割は、あらかじめ与えられた分割数や分割後のサイズに基づいてネットワークを分割します。たとえば、大きなネットワークをいくつかの部分ネットワークに分割して、それぞれ別のプロセッサで並列処理するような場合に有効です。
コミュニティ抽出は、そのような情報が与えられずに、ネットワークの密な部分を抽出するものです。ネットワーク全体の構造を把握したり、似た嗜好のユーザに対する情報推薦を行ったりする場合に有効です。

(ii) モジュラリティを計算する際の入力は、ネットワークと、各頂点が属するコミュニティ、すなわちコミュニティ抽出の結果です。
モジュラリティの出力は、コミュニティ内の辺が密でコミュニティ間の辺が疎である場合、すなわち望ましいコミュニティ抽出ができている場合に正の大きな値を取ります。逆に、コミュニティ内の辺とコミュニティ間の辺の数が大差ない場合には 0 に近い値を取ります。

練習問題 7

(i) ランダムグラフ$G(n, m)$は、頂点の数nと辺の数mが与えられます。ランダムグラフ$G(n, p)$は、頂点の数nと辺の張られる確率pが与えられます。前者は辺の数がmですが、後者は辺の数の平均が$\langle m \rangle={}_{n}C_{2}\cdot p$で与えられ、確率は小さいものの、これよりもずっと大きい値や小さい値も取り得ます。

(ii) 頂点の次数列 $[k_1, k_2, \ldots, k_n]$ が与えられたとき、その次数を持つ頂点の

「切り株」を用意し、そのなかから 2 つをランダムに選んで辺で結びます。この処理を m 回繰り返してネットワークを生成するので、$\sum_i k_i$ は偶数（$= 2m$）である必要があります。

(iii) 以下のようなものが挙げられます。

- Web ページのハイパーリンクで作られるネットワーク
- 学術論文の引用関係のネットワーク
- 空港と航空便で作られる航空ネットワーク

練習問題 8

(i) (a) common neighbors：共通の隣接頂点数なので、次数の極端に大きい頂点はどの頂点とも類似度が高くなってしまいます。

(b) Jaccard coefficient：次数の極端に大きい頂点との類似度は、大きな値で割り算をするために、値域が狭くなってしまいます。

(c) Adamic/Adar：共通の隣接頂点のなかで次数の少ないものを重視する類似度ですが、逆に次数の極端に小さい頂点の影響を大きく受けてしまいます。

(d) preferential attachment：高い次数の頂点間の距離が大きい場合であっても、類似度が高いとしてしまいます。

(ii) network embedding で得られたベクトル表現を用いて、頂点の分類をしたり、リンク予測をしたり、コミュニティ抽出をしたりすることができます。一方、クラスタ係数を求めたり、ネットワークの直径を求めたりするのは、ベクトル表現だけからでは困難です。

練習問題 9

(i) SI model において、それぞれの人は感染していない状態（S）か感染している状態（I）のいずれかです。SIR model においては、それらに回復した状態（R）が加わります。

(ii) たとえば、2つの密な部分グラフがつながってできた barbell graph では、感染が片方の固まりだけで食い止められて他方まで伝搬しない場合があります。**リスト A.3** に、そのようなシミュレーション結果を示します。

リスト A.3 感染が他方まで伝搬しないシミュレーション例

```
1   !pip install -q ndlib
2   !pip install -q bokeh
3
4   import networkx as nx
5   import matplotlib.pyplot as plt
6   import numpy as np
7   import ndlib.models.epidemics as ep
8
9   g = nx.barbell_graph(200,600)
10  print(nx.info(g))
11
12  model = ep.SIRModel(g)
13
14  import ndlib.models.ModelConfig as mc
15
16  config = mc.Configuration()
17  config.add_model_parameter('beta', 0.001)
18  config.add_model_parameter('gamma', 0.01)
19  config.add_model_parameter("percentage_infected", 0.05)
20  model.set_initial_status(config)
21
22  iterations = model.iteration_bunch(200)
23  trends = model.build_trends(iterations)
24
    from bokeh.io import output_notebook, show
25  output_notebook()
26  from ndlib.viz.bokeh.DiffusionTrend import DiffusionTrend
27
28  viz = DiffusionTrend(model, trends)
```

```
29  p = viz.plot(width=400, height=400)
30  show(p)
31
32  from ndlib.viz.bokeh.DiffusionPrevalence import DiffusionPrevalence
33  viz2 = DiffusionPrevalence(model, trends)
34  p2 = viz2.plot(width=400, height=400)
35  show(p2)
```

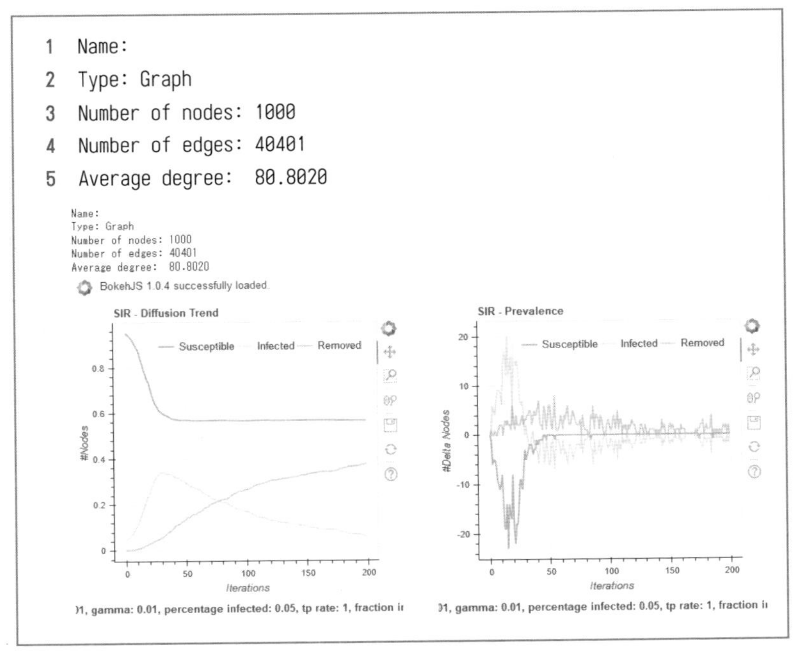

図 A.3 リスト A.3 の出力結果

練習問題 10

(i) たとえば、以下のようなことができると考えられます。

- ネットワーク全体を俯瞰し、特徴（対称性、階層性など）を見出す
- グループやその大きさ、また、グループ同士の関係を見出す
- 特徴的な部分（中心・周辺、孤立点など）や、その周辺を観察する
- ネットワーク内の経路や連結性、ボトルネックなどを見る

(ii) 頂点数が非常に多いものや、辺が多く非常に密なものなどは可視化が困難です。なお、情報可視化においては、多数の辺を束ねる（edge bundling）などして、見やすい可視化を得るための研究がなされています。

索引

く

こ

さ

し

す

そ

た

ち

て

と

ね

は

ひ

ふ

へ

み

む

め

も

ゆ

ら

り

る

れ

〈著者略歴〉
村 田 剛 志 （むらた　つよし）
1990 年東京大学理学部情報科学科卒業。1992 年同大学院理学系研究科修士課程修了。東京工業大学工学部助手、群馬大学工学部助手、同講師、国立情報学研究所助教授、科学技術振興事業団さきがけ研究 21 研究員（兼任）を経て、2020 年より東京工業大学情報理工学院情報工学系教授。博士（工学）。人工知能、ネットワーク科学、機械学習に関する研究に従事。人工知能学会、情報処理学会、日本ソフトウェア科学会、 AAAI、ACM、各会員。

Pythonで学ぶネットワーク分析
—Colaboratory と NetworkX を使った実践入門—

2019 年 9 月 15 日　　第 1 版第 1 刷発行
2021 年 6 月 10 日　　第 1 版第 4 刷発行

著　者　村 田 剛 志
発 行 者　村 上 和 夫
発 行 所　株式会社 オーム社
郵便番号　101-8460
東京都千代田区神田錦町 3-1
電話　03(3233)0641(代表)
URL　https://www.ohmsha.co.jp/

組版　トップスタジオ　　印刷・製本　壮光舎印刷
ISBN978-4-274-22425-6　Printed in Japan